用思维导图学

Office

Word | Excel | PPT

一品云课堂 编著

被工具"玩"？
不如玩转工具！

中国水利水电出版社
www.waterpub.com.cn

山水

内 容 简 介

本书以"思维导图"的形式对Office软件进行了系统的阐述；以"知识速记"的形式对各类知识点进行全面的解析；以"综合实战"的形式将知识点进行综合应用；以"课后作业"的形式让读者了解自己对知识的掌握程度。

全书共12章，分别对Word、Excel、PPT这三大办公组件的操作进行讲解。讲解过程中，所选案例紧贴实际，以达到学以致用、举一反三的目标。本书结构清晰，思路明确，内容丰富，语言精炼，解说详略得当，既有鲜明的基础性，也有很强的实用性。

本书适合作为办公人员的学习用书，尤其是想要提高工作效率的办公人员阅读。同时，也可以作为社会各类Office培训班的首选教材。

图书在版编目（ＣＩＰ）数据

用思维导图学Office：Word/Excel/PPT / 一品云课
堂编著. -- 北京：中国水利水电出版社，2020.1
   ISBN 978-7-5170-8351-1

  Ⅰ．①用… Ⅱ．①一… Ⅲ．①办公自动化－应用软件
Ⅳ．①TP317.1

中国版本图书馆CIP数据核字(2019)第280018号

策划编辑：张天娇　责任编辑：周春元　加工编辑：张天娇　封面设计：德胜书坊

书　　名	用思维导图学Office：Word/Excel/PPT YONG SIWEI DAOTU XUE Office：Word/Excel/PPT
作　　者	一品云课堂　编著
出版发行	中国水利水电出版社 （北京市海淀区玉渊潭南路1号D座　100038） 网址：www.waterpub.com.cn E-mail：mchannel@263.net（万水） sales@waterpub.com.cn 电话：（010）68367658（营销中心）、82562819（万水）
经　　售	全国各地新华书店和相关出版物销售网点
排　　版	徐州德胜书坊教育咨询有限公司
印　　刷	北京天恒嘉业印刷有限公司
规　　格	185mm×240mm　16开本　18印张　387千字
版　　次	2020年1月第1版　2020年1月第1次印刷
印　　数	0001—5000册
定　　价	59.80元

前言 PREFACE

■ 思维导图&Office

思维导图是一种有效地表达发散性思维的图形思维工具，它用一个中心的关键词引起形象化的构造和分类，并用辐射线连接所有代表性的字词、想法、任务或其他关联的项目。思维导图有助于人们掌握有效的思维方式，将其应用于记忆、学习、思考等环节，更进一步扩展人脑的思维方式。它简单有效的特点吸引了很多人的关注与追捧。目前，思维导图已经在全球范围内得到了广泛应用，而且有了世界思维导图锦标赛。

微软Office软件是由多个办公组件组合而成的，而主流的要属Word、Excel和PPT这三大组件。我们利用Word可以对文档进行编辑与排版；利用Excel可以对数据信息进行整理与分析；利用PPT可以将我们收集的资料以幻灯片的形式放映出来，这三大组件相辅相成。

在学习Office软件时，建议读者可以根据自己的工作性质有针对性地去学习。例如，做文职工作的可以重点学习Word和PPT部分；做统计或财会工作的可以重点学习Excel部分。在学习的过程中，读者最好边学习、边实践，这样学习效率才会高。

本书用思维导图的形式对Office的知识点进行了全面介绍，通过这种发散思维的方式更好地领会各个知识点之间的关系，为综合应用解决实际问题奠定良好的基础。

■ 本书的显著特色

1. 结构划分合理 + 知识板块清晰

本书每一章都分为思维导图、知识速记、综合实战、课后作业四大板块，读者可以根据需要选择知识充电、动手练习、作业检测等环节。

2. 知识点分步讲解 + 知识点综合应用

本书以思维导图的形式增强读者对知识的把控力，注重于PPT知识的系统阐述，更注重于解决问题时的综合应用。

3. 图解演示 + 扫码观看

书中案例配有大量插图以呈现操作效果，同时，还能扫描二维码进行在线学习。

4. 突出实战 + 学习检测

书中所选择的案例具有一定的代表性，对知识点的覆盖面较广，课后作业的检测，可以起到查缺补漏的作用。

Office

5．配套完善 + 在线答疑

本书不仅提供了全部案例的素材资源，还提供了典型操作过程的学习视频。此外，QQ群在线答疑、作业点评、作品评选可为学习保驾护航。

■ 操作指导

1．Microsoft Office 2019 软件的获取

要想学习本书，须先安装Office 2019 应用程序，你可以通过以下方式获取：

（1）登录微软官方商城（https://www.microsoftstore.com.cn/），选择购买。
（2）到当地电脑城的软件专卖店咨询购买。
（3）到网上商城咨询购买。

2．微软 Office 和 WPS Office

目前，市面上主流的办公软件属微软Office和WPS Office这两款。很多读者无法分清这两款软件，在此简单说明一下。微软Office是微软公司开发的，功能强大，性能稳定；而WPS Office是金山公司开发的，随着不断地更新升级，很多功能也逐步得到了完善。从用户体验的角度讲，这两款软件的区别不大，只要掌握了微软Office，那么，WPS Office也能够很快上手。

3．本书资源及服务的获取方式

本书提供的资源包括案例文件、学习视频、常用模板等。案例文件可以在学习交流群（QQ群号：728245398）中获取，学习视频可以扫描书中二维码进行观看，作业点评可以通过QQ与管理员在线交流。

本书在编写和案例制作过程中力求严谨细致，但由于水平和时间有限，疏漏之处在所难免，望广大读者批评指正。

编者
2019年10月

前言

目录
CONTENTS

第 1 章 Word文档那些事

Office

第2章 图文混排并不难

目 录 CONTENTS

第 3 章 表格应用见真功

office

第4章 批量制作公司邀请函

第5章 Excel表格轻松上手

目录 CONTENTS

第6章 循序渐进的数据处理

Office

第 7 章　公式与函数的妙用

第8章 Excel数据的图形化展示

Office

第11章 放映酷炫的幻灯片动画

Office

第12章 制作垃圾分类宣传演示文稿

Word

第1章

Word 文档
那些事

Word是职场必备的一款办公软件，无论你是什么工种，多多少少都会使用到它。该软件操作简单，容易上手，可以满足学习和工作中的大部分需求。但大部分人只把它当作记事本来使用，一旦遇到复杂的排版、文档的审阅、控件的插入等就束手无策了。本章内容将对Word的基本操作和高级应用进行详细的介绍。

文本的输入 ── 输入文本内容
　　　　　　　 输入特殊符号
　　　　　　　 输入公式

文本的选择 ── 选择词语
　　　　　　　 选择一行文本
　　　　　　　 选择段落文本
　　　　　　　 选择连续区域
　　　　　　　 选择不连续区域
　　　　　　　 全选文本

文本格式的设置 ── 设置字符格式 ── 设置字体、字号、颜色
　　　　　　　　　　　　　　　 设置文本的特殊效果
　　　　　　　　　　　　　　　 更改字母大小写
　　　　　　　　　　　　　　　 为文本添加边框、底纹等
　　　　　　　　　　　　　　　 为生僻字注音
　　　　　　　　　 设置段落格式 ── 为文本添加项目符号
　　　　　　　　　　　　　　　 为文本添加编号
　　　　　　　　　　　　　　　 使用多级列表

文档的编辑

查找和替换文本 ── 查找指定文本
　　　　　　　　　 通过查找快速定位文本
　　　　　　　　　 批量替换指定文本
　　　　　　　　　 文本格式的替换

移动和复制文本

删除文本

应用文档样式 ── 应用内置样式
　　　　　　　　 自定义文档样式

如何创建
Word文档

校对文本 ── 拼写检查
　　　　　　 文档字数统计

翻译文档

中文简繁转换

为文档添加批注 ── 批注框的设置
　　　　　　　　　 创建与删除批注

文档的审阅与引用 ── 对文档进行修订 ── 保护修订
　　　　　　　　　　　　　　　　 启用修订功能

目录的创建 ── 提取目录
　　　　　　　 更新目录
　　　　　　　 删除目录

脚注、尾注、题注 ── 添加脚注、尾注
　　　　　　　　　　 题注功能的使用
　　　　　　　　　　 对脚注、尾注进行设置

文档的高级应用 ── 控件的插入与设置
　　　　　　　　　 邮件合并

文档的保护与输出 ── 使用密码保护文档
　　　　　　　　　　 限制编辑
　　　　　　　　　　 打印文档 ── 设置打印参数
　　　　　　　　　　　　　　　 预览并打印

知识速记

1.1 文本的编辑

在文档中输入内容后，经常需要对文本进行一些必要的编辑，如移动或复制文本、设置文本格式、段落格式、查找或替换文本等。下面将对这些编辑操作进行简单的介绍。

■1.1.1 输入特殊文本

符号和公式都属于特殊文本，在试卷或问卷调查表中会用到一些特殊符号，如图1-1所示。只需在"插入"选项卡中单击"符号"下拉按钮，选择"其他符号"选项，在打开的"符号"对话框中插入需要的符号即可，如图1-2所示。

扫码观看视频

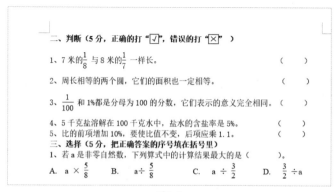

图1-1

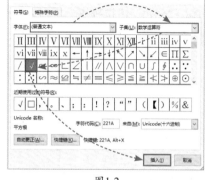

图1-2

除了使用"符号"命令插入特殊符号外，用户还可以通过输入法插入。以搜狗输入法为例，在搜狗输入法工具栏上右击，在快捷菜单中选择"表情&符号"选项，在级联菜单中选择"符号大全"，如图1-3所示。在"符号大全"对话框的"特殊符号"选项组中选择需要的符号即可，如图1-4所示。

图1-3

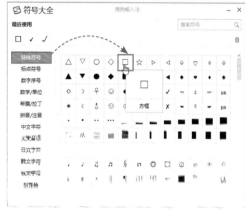

图1-4

公式在数学、物理、化学等学科中比较常见，对于一些简单的公式，用户可以直接使用键盘录入字符，并根据实际情况设置上标和下标，如图1-5所示。

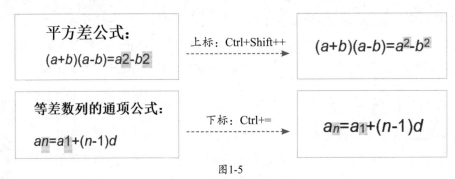

图1-5

此外，Word还内置了一些公式，可以直接插入或编辑数学公式，只需在"插入"选项卡中单击"公式"下拉按钮，从列表中选择需要的公式即可，插入公式后会增加"公式工具-设计"选项卡，可以通过它对插入的公式进行再次编辑，如图1-6所示。

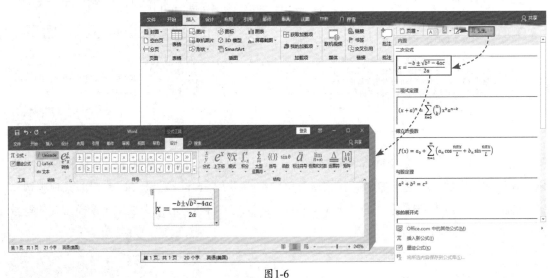

图1-6

知识拓展

用户还可以手动书写公式，只需要在"公式"列表中选择"墨迹公式"选项，就会弹出一个面板，在面板的黄色区域拖动鼠标书写需要的公式，在黄色区域上方会显示规范的字体格式，如图1-7所示。在书写过程中如果书写错误，可以单击下方的"擦除"按钮，拖动鼠标进行擦除，如图1-8所示。书写完成后，单击"插入"按钮，如图1-9所示，即可将书写的公式插入到文档中。

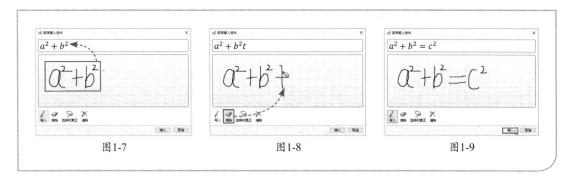

数学输入控件
$a^2 + b^2$
写入
擦除
选择和更正
清除
插入
取消

图1-7

数学输入控件
$a^2 + b^2t$
写入
擦除
选择和更正
清除
插入
取消

图1-8

数学输入控件
$a^2 + b^2 = c^2$
写入
擦除
选择和更正
清除
插入
取消

图1-9

1.1.2 选择指定文本

对文档进行编辑前，要先选择文本。通常选择文本的方式是按住左键，拖动鼠标至所需位置，如图1-10所示。当然，也可以用其他选择方法进行操作。例如，双击所需词语即可选中，如图1-11所示；将光标移至文本的左侧空白处，当光标变为箭头形状时单击，可以选中一行文本，如图1-12所示；同样，将光标移至左侧空白处双击，可以选择当前的一段文本，如图1-13所示；按住Ctrl键的同时，拖动鼠标可以选择不连续的文本，如图1-14所示；将光标移至左侧空白处三击，或者按组合键Ctrl+A可以全选文本，如图1-15所示。

我们想在路边好好地散个步，可是人声不断
地呼吼而过。一天里，几乎没有纯然安静的一刻。
我们到馆子里，想要吃一些清淡的小菜，几乎不
可得。过多的油、过多的酱、过多的盐和味精已
经成为中国菜最大的特色。我
拖动鼠标
友

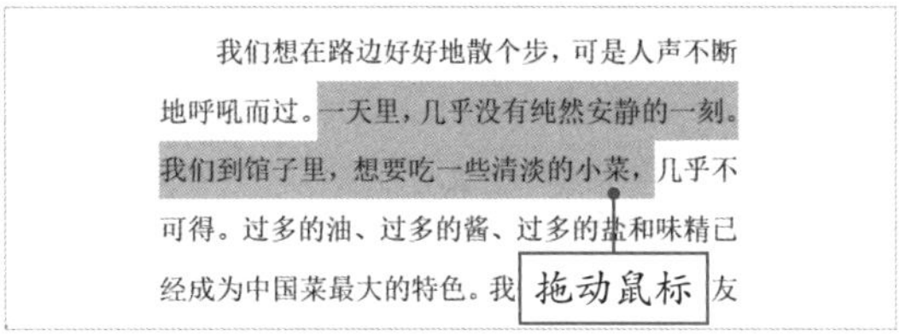

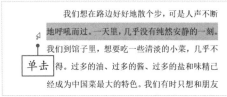

图1-10

我们想在路边好好地散个步，可是人声不断
地呼吼而过。一天里，几乎没有纯然安静的
双击
我们到馆子里，想要吃一些清淡的小菜，几乎不
可得。过多的油、过多的酱、过多的盐和味精已
经成为中国菜最大的特色。我们有时只想和朋友

图1-11

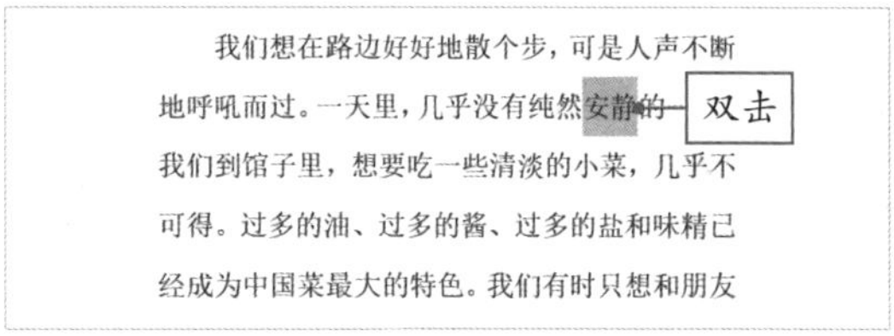

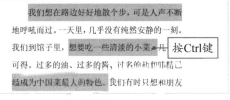

我们想在路边好好地散个步，可是人声不断
地呼吼而过。一天里，几乎没有纯然安静的一刻。
我们到馆子里，想要吃一些清淡的小菜，几乎不
单击
得。过多的油、过多的酱、过多的盐和味精已
经成为中国菜最大的特色。我们有时只想和朋友

图1-12

垃圾、污秽和吵闹。
我当学生的时候，有一位朋友住在圆通寺的
山下，我们常常沿着上山的石阶，走走，坐坐，
停停，看看。我们顺手拈下山道两旁熟透的木槿
花，吸着花朵底部的花露，感觉清香胜蜜，心里
双击
遂有一种春天才会有的欢愉。

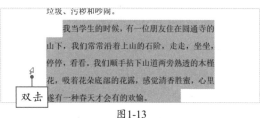

图1-13

我们想在路边好好地散个步，可是人声不断
地呼吼而过。一天里，几乎没有纯然安静的一刻。
我们到馆子里，想要吃一些清淡的小菜，
按Ctrl键
可得。过多的油、过多的酱、过多的盐和味精已
经成为中国菜最大的特色。我们有时只想和朋友

图1-14

我们想在路边好好地散个步，可是人声不断
地呼吼而过。一天里，几乎没有纯然安静的一
我们到馆子里，想要吃一些清淡的
按组合键
Ctrl+A
可得。过多的油、过多的酱、过多的盐和味精
经成为中国菜最大的特色。我们有时只想和朋友

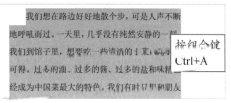

图1-15

■1.1.3 移动和复制文本

文本的移动可以通过对文本进行剪切来实现，只需选中文本，按组合键Ctrl+X或单击鼠标右键，从弹出的快捷菜单中选择"剪切"命令，如图1-16所示。然后将光标插入需要移动到的位置，按组合键Ctrl+V或单击"粘贴"按钮即可。

此外，用户还可以通过左键拖动来移动文本。选中文本后，按住鼠标左键不放，拖动鼠标至需要移动到的位置，松开鼠标左键即可，如图1-17所示。

复制文本可以直接使用快捷键，即选中文本，按组合键Ctrl+C进行复制，然后在新位置按组合键Ctrl+V粘贴即可。

图1-16

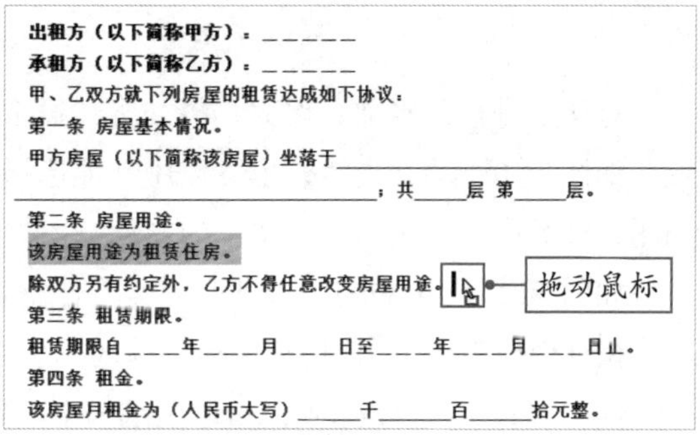

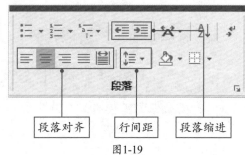

图1-17

知识拓展

　　　使用其他快捷键也可以移动文本，即选中需要移动的文本，按功能键F2，接着将光标置于新的位置，按Enter键即可完成文本的移动操作。

■1.1.4 设置文本格式

文本格式包括字体格式和段落格式，对文档内容进行美化时，就需要进行这些设置。常用的字体格式设置包括字体、字号、字体颜色、加粗、倾斜等，如图1-18所示。常用的段落格式设置包括行间距、段落对齐、段落缩进等，如图1-19所示。

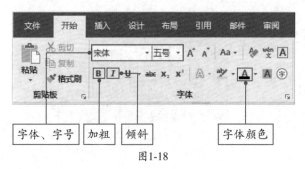

图1-18

图1-19

■1.1.5　文本的查找与替换

在对文档进行编辑时，如果需要快速查找某个特定文本，可以在"开始"选项卡中单击"查找"下拉按钮，从列表中选择"查找"选项，打开"导航"窗格，在"搜索"文本框中输入需要查找的文本，系统会自动搜索并突出显示查找到的文本，如图1-20所示。

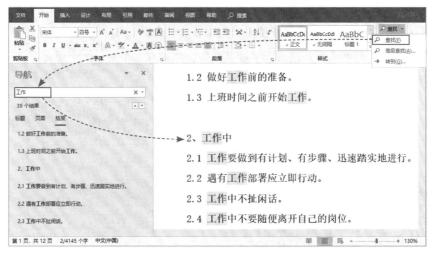

图1-20

此外，若需要进行精确查找，如查找"宋体""四号""加粗"的文本，可以在"查找"列表中选择"高级查找"选项，在"查找和替换"对话框中单击"更多"按钮展开面板，单击"格式"按钮，从中选择"字体"选项，如图1-21所示。

在"查找字体"对话框中，可以设置查找字体的格式，单击"确定"按钮，如图1-22所示。返回上一级对话框，直接单击"查找下一处"按钮，即可查找出相同格式的文本。

图1-21　　　　　　　　　　　　　　　　图1-22

知识拓展

在"查找和替换"对话框中单击"特殊格式"按钮，从中选择"空白区域"选项，单击"查找下一处"按钮，即可查找文档中的空白区域。

替换文本可以批量替换文档中的相同内容，只需在"开始"选项卡中单击"替换"按钮，打开"查找和替换"对话框，在"查找内容"文本框中输入需要查找的文本，然后在"替换为"文本框中输入替换的文本，单击"全部替换"按钮，在提示对话框中单击"确定"按钮，如图1-23所示，完成文本的替换操作。

用户也可以将文档中的文字替换成图片。选中并复制图片，在"查找和替换"对话框的"查找内容"文本框中输入被替换的文本，在"替换为"文本框中输入"^c"，单击"全部替换"按钮，如图1-24所示，完成文本替换图片的操作。

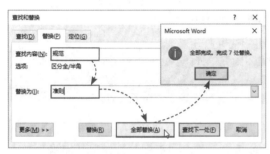

图1-23

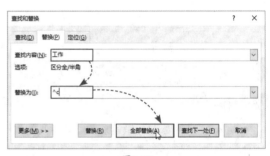

图1-24

● **新手误区：** 用户可能会直接复制桌面或文件夹中的图片，然后打开文档，将文字替换成图片，这样会造成图片替换文字后不在文字对应的位置。应该先将图片插入到文档中，然后再进行替换。

■ 1.1.6 删除文本

输入错误文本后，可以按Delete键或Backspace键将其删除，也可以使用快捷键删除文本，如图1-25所示。

快捷键	功能
Ctrl+Backspace	向左删除一个字词
Ctrl+Delete	向右删除一个字词
Ctrl+Z	撤销上一步操作
Ctrl+Y	恢复上一步操作

图1-25

1.2 文档的自动化排版

为了使文档页面看起来更加美观，一般需要对文档进行排版。Word提供了多种排版功能，可以让用户实现自动排版，节省大量的时间。

1.2.1 项目符号的应用

合理使用项目符号，会使文档内容更有条理性，如图1-26所示。在"开始"选项卡中单击"项目符号"下拉按钮，从中选择合适的符号样式即可。

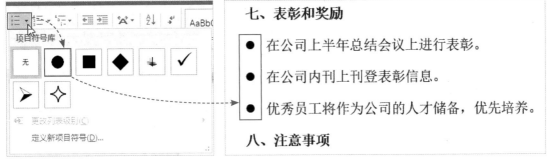

图1-26

知识拓展

用户可以定义新的项目符号，即在"项目符号"列表中选择"定义新项目符号"选项，在"定义新项目符号"对话框中设置其他符号样式，甚至可以设置图片作为项目符号，如图1-27所示。

图1-27

1.2.2 编号的应用

编号和项目符号具有相似的功能，对于具有一定顺序或层次结构的段落，可以为其添加编号。在"开始"选项卡中单击"编号"下拉按钮，从中选择合适的编号样式即可，如图1-28所示。

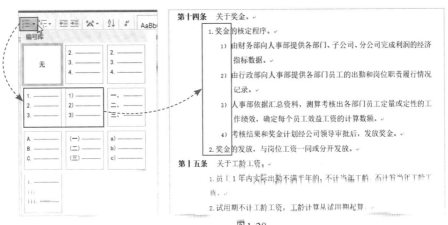

图1-28

■1.2.3 应用多级列表

在编写大型文档时，需要对多个条目进行排列，这就要用到"多级列表"功能，在Word中实现多级标题自动编号的功能叫作"多级列表"，如图1-29所示。在"开始"选项卡中单击"多级列表"下拉按钮，从中选择"定义新的多级列表"选项，在打开的对话框中设置各级别的编号格式，如图1-30所示。单击"更多"按钮，展开对话框后可以设置将级别链接到样式，如图1-31所示。

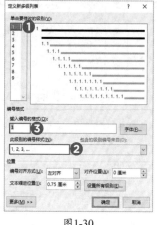

图1-29   图1-30   图1-31

■1.2.4 应用文档样式

使用样式来设置内容格式时，会将样式中的所有格式一次性应用到内容中，避免逐一设置格式的麻烦，从而提高文档排版的效率。在"开始"选项卡的"样式"选项组中单击对话框启动器按钮，打开"样式"面板，如图1-32所示。单击"新建样式"按钮，即可在"根据格式化创建新样式"对话框中设置样式，如图1-33所示。此外，在"样式"列表中选择"创建样式"选项，在"根据格式化创建新样式"对话框中设置"名称"，单击"修改"按钮，如图1-34所示，也可以设置样式。

图1-32   图1-33   图1-34

■1.2.5 插入尾注、脚注、题注内容

编辑文档时，若需要对某些内容进行补充说明，可以通过尾注和脚注来实现。通常情况下，脚注位于页面底部，作为文档某处内容的注释，如图1-35所示。尾注位于文档末尾，列出引文的出处，如图1-36所示。

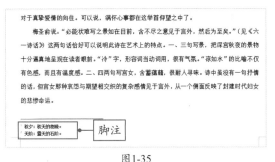

图1-35

图1-36

为了编排文档中的图片与表格，通常在图片下方、表格上方会添加相关说明，这类说明称为题注。换言之，题注就是为图片、表格添加编号和名称。选中图片或表格，在"引用"选项卡中单击"插入题注"按钮，打开"题注"对话框，在"标签"列表中选择合适的标签，单击"确定"按钮即可，如图1-37所示。

如果"标签"列表中没有需要的样式，可以单击"新建标签"按钮，设置满足要求的标签，如"图""表"等。

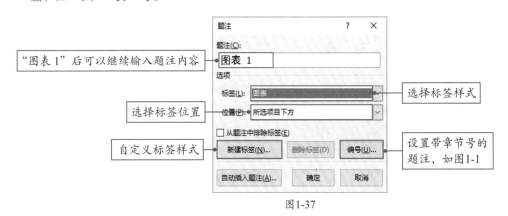

图1-37

■1.2.6 插入和更新目录

对于论文、标书这类型的长篇文档，一般需要在文档前添加目录，以便查看文档内容。在"引用"选项卡中单击"目录"下拉按钮，从中选择"自动目录1"选项，即可在指定处生成目录，如图1-38所示。

此外，用户也可以自定义目录样式，在"目录"列表中选择"自定义目录"选项，在"目录"对话框中设置页码的显示方式、制表符前导符样式、显示级别等，如图1-39所示。

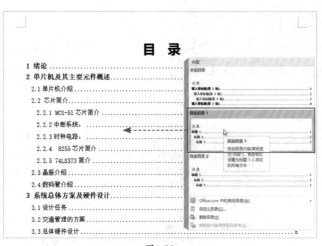
图1-38

图1-39

如果对某文档标题进行了修改，就需要对目录进行更新。在"引用"选项卡中单击"更新目录"按钮，或者在插入的目录上方单击"更新目录"按钮，如图1-40所示。在"更新目录"对话框中选中"更新整个目录"单选按钮，如图1-41所示，确认后即可更新目录。

图1-40

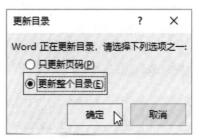
图1-41

知识拓展

若想删除目录，可以在"目录"列表中选择"删除目录"选项，或者选中整个目录后，按Delete键删除。

1.3 文档审阅功能的应用

文档编辑完成后，通常需要对文档进行审阅，如检查是否有拼写错误等。用户可以利用"批注""修订"功能来对文档进行校对。下面简单介绍一下文档审阅功能的一些操作。

■1.3.1 校对文本

校对文本包括拼写检查和文档字数统计。在"审阅"选项卡中单击"拼写和语法"按钮，打开"校对"窗格,在"拼写检查"方框中会用红色波浪线标出错误的文本,在"建议"列表框中选择合适的选项即可对拼写错误的单词进行更改,如图1-42所示。

想要统计文档的字数,只需在"审阅"选项卡中单击"字数统计"按钮,在"字数统计"面板中可以查看文档的页数、字数、字符数、段落数、行数等信息,如图1-43所示。

图1-42

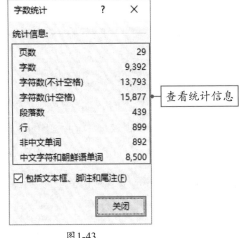

图1-43

■1.3.2 翻译文档

翻译文档就是将文档中的中文翻译成其他语言,或者将其他语言翻译成中文。例如,选择所需翻译的英文内容,在"审阅"选项卡中单击"翻译"下拉按钮,从中选择"翻译所选文字"选项,打开"使用智能服务?"对话框,如图1-44所示。

首次设置翻译时,会打开该对话框。在此单击"打开"按钮,在文档右侧打开的"翻译工具"窗格中会显示翻译的中文,如图1-45所示;相反,要将英文翻译成其他语言,可以单击"简体中文"下拉按钮,从中选择所需语言即可。单击"插入"按钮,就可以将翻译的文本插入到文档中。

图1-44

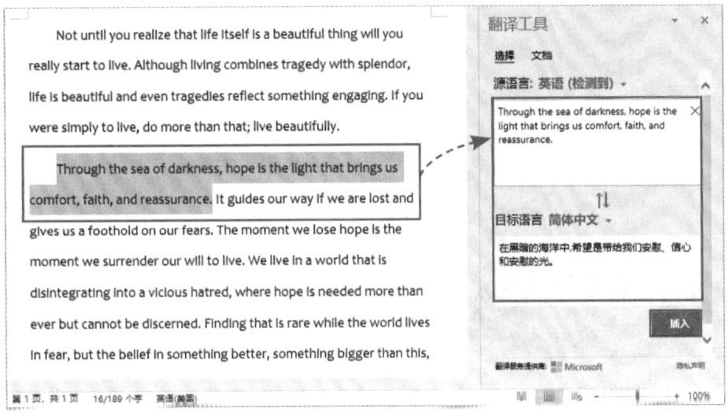

图1-45

这里需要说明的是,翻译的文本会直接替换原来的英文,又不是插入到文档中,如图1-46所示。

really start to live. Although living combines tragedy with splendor, life is beautiful and even tragedies reflect something engaging. If you were simply to live, do more than that; live beautifully.

在黑暗的海洋中,希望是带给我们安慰、信心和安慰的光。 It guides our way if we are lost and gives us a foothold on our fears. The moment we lose hope is the moment we surrender our will to live. We

图1-46

■ 1.3.3 为文档添加批注

对文档进行检查时，如果对某些内容有疑问或建议，可以为其添加批注。选择需要添加批注的文本，在"审阅"选项卡中单击"新建批注"按钮，会在文档右侧弹出一个批注框，输入相关内容即可，如图1-47所示。

扫码观看视频

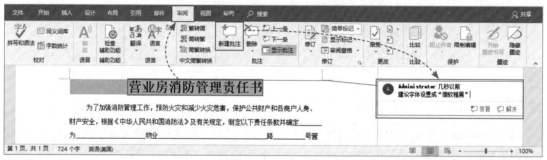

图1-47

若想隐藏批注，可以单击"显示批注"按钮，使其取消选中状态。批注框会以气泡对话框的样式显示，单击该气泡对话框，可以查看批注内容，如图1-48所示。

图1-48

知识拓展

若想删除批注，可以选中批注，单击"批注"选项组的"删除"下拉按钮，从中选择"删除"选项即可。

■1.3.4　修订文档

在查阅他人的文档时，发现文档有误的地方，可以使用"修订"功能进行修改，这样可以使原作者明确哪些地方进行了改动。在"审阅"选项卡中单击"修订"按钮，使其呈现选中状态，然后在文档中修改内容。

在"修订"选项组中单击"显示以供审阅"下拉按钮，从中选择"所有标记"选项，即可显示修改内容，如图1-49所示。

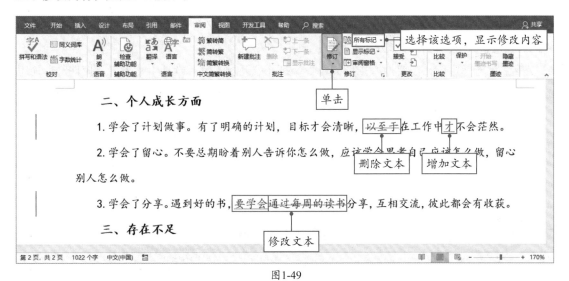

图1-49

若原作者接受修改内容，可以在"更改"选项组中单击"接受"下拉按钮，从中根据需要选择合适的选项，如图1-50所示。不同意某条修订，可以单击"拒绝"下拉按钮，从列表中进行选择即可，如图1-51所示。

当不再需要对文档进行修订时，再次单击"修订"按钮，取消选中状态即可。

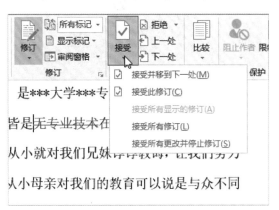

图1-50

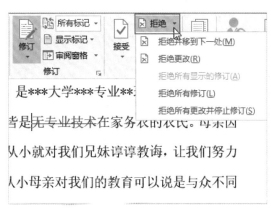

图1-51

1.4 文档高级功能的应用

前面主要介绍了Word的基础运用，可以基本满足在工作中的需要。但是掌握了Word的高级应用，可以使自己得到更大的提升。

■1.4.1 控件的插入与设置

在制作合同、试卷、调查问卷之类的文档时，有时需要用到控件功能。例如，制作英语试卷时，需要利用单选按钮控件制作单项选择题。要求先插入选项按钮控件，然后对选项按钮控件的属性进行设置。具体操作方法如下。

Step 01 将光标定位在需要插入控件的位置，打开"开发工具"选项卡，单击"控件"选项组的"旧式工具"按钮，从列表中选择"选项按钮（ActiveX控件）"选项，插入单选按钮控件，如图1-52所示。

Step 02 右击单选按钮控件，从快捷菜单中选择"属性"选项，在"属性"对话框中将AutoSize属性的值设置为True，将Caption属性的值设置为"A．It's exciting"（这个值为选择题的选项内容），将GroupName属性的值设置为"第1题"，然后设置高度（Height）和宽度（Width）的属性值，单击Font属性右侧的按钮，如图1-53所示。

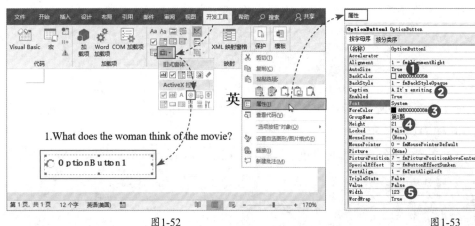

图1-52　　　　　　　　　　　　　　　图1-53

● **新手误区：** 设置A选项时，需要将GroupName属性的值设置为"第1题"，设置B选项和C选项时，同样需要将GroupName属性的值设置为"第1题"，否则无法实现单选。

Step 03 在"字体"对话框中设置选项内容的字体格式，单击"确定"按钮，如图1-54所示。

Step 04 按照上述方法，依次设置其他的单选按钮控件。这里需要说明的是，在设置第2题时，需要将第2题的单选按钮控件的GroupName属性值设置为"第2题"，将第3题的单选按钮控件的GroupName属性值设置为"第3题"。设置完成后，单击"控件"选项组的"设计模式"按钮，退出设计模式，即可完成单选按钮控件的添加，如图1-55所示。

图1-54

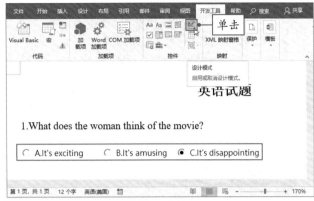

图1-55

■1.4.2　邮件合并批量制作文档

　　制作荣誉证书、通知书、邀请函之类的文档时，如果逐一制作会很浪费时间，这时可以使用"邮件合并"功能批量生成文档，提高工作效率。例如，想要批量生成荣誉证书，先要提前将获奖人员的相关信息录入到Excel表格中，如图1-56所示，然后打开Word文档，在"邮件"选项卡中单击"选择收件人"按钮，从中选择"使用现有列表"选项，将Word与Excel中的数据源进行合并，使得Word可以引用Excel中的相关信息，激活"插入合并域"命令后，在相应的位置插入域，最后单击"完成并合并"下拉按钮，从中选择"编辑单个文档"选项进行批量生成操作即可，如图1-57所示。

	A	B
1	姓名	奖项名称
2	赵丽	最佳新人奖
3	孙杨	全勤奖
4	张红	勤奋奖
5	李晓	敬业奖
6	刘源	最佳管理奖
7	曾军	最佳团队奖
8	齐娟	委屈奖
9	隋红	忠诚奖
10	陈佳	优秀员工奖
11	李萌	最佳形象奖
12	宋文	最佳销售奖
13	李倩	卓越绩效奖
14		

图1-56

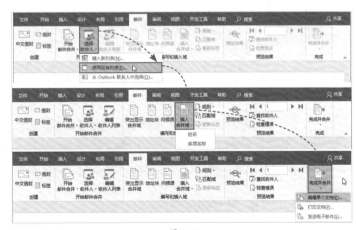

图1-57

1.5 文档的保护与输出

　　通常文档制作完成后需要将其打印出来。而一些机密文档，为了防止泄露重要信息，需要为其设置密码来加以保护。

■1.5.1 使用密码保护文档

对涉及公司内部信息的文档需要进行加密保护，在"文件"菜单界面中选择"信息"选项，在右侧单击"保护文档"下拉按钮，从中选择"用密码进行加密"选项，打开"加密文档"对话框。设置好密码后，单击"确定"按钮，在"确认密码"对话框中再次输入设置的密码，确认后即可为文档加密，如图1-58所示。这样只有输入正确的密码才能打开该文档。

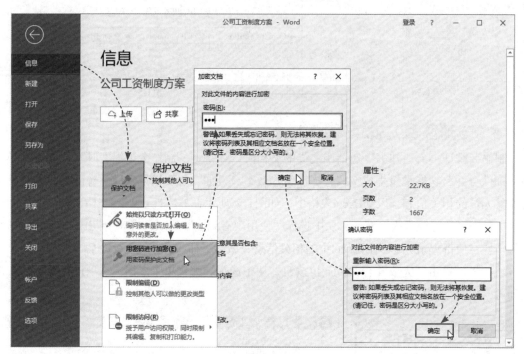

图1-58

知识拓展

对文档设置限制编辑后，在"限制编辑"窗格中单击"停止保护"按钮，并在弹出的"取消保护文档"对话框中输入设置的密码，即可取消限制编辑。

■1.5.2 限制文档编辑

如果用户希望其他人只能查看文档中的内容而不能编辑文档，可以使用"限制编辑"功能限制其他人编辑。在"审阅"选项卡的"保护"选项组中单击"限制编辑"按钮，在"限制编辑"窗格中勾选"仅允许在文档中进行此类型的编辑"复选框，然后在列表中选择"不允许任何更改（只读）"选项，其次单击"是，启动强制保护"按钮。在"启动强制保护"对话框中设置密码后，单击"确定"按钮，如图1-59所示。此时，若想删除或更改文档内容，都无法执行。

扫码观看视频

图1-59

■1.5.3　设置打印参数

在打印文档之前，需要对文档的打印份数、打印范围、打印方向、打印纸张等进行设置。在"文件"选项卡中选择"打印"选项，在"打印"界面进行相关设置，如图1-60所示。

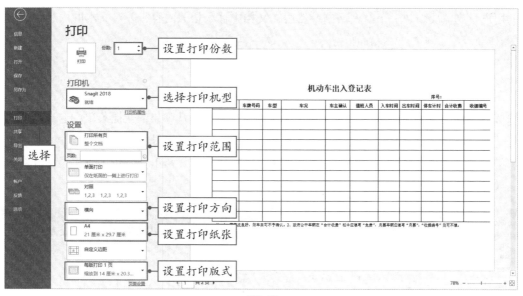

图1-60

1.5.4　打印预览与打印

打印之前，要先预览一下打印效果，然后再进行打印。在"打印"界面右侧可以预览打印效果，单击"打印"按钮就可以将文档打印出来。

Ⓦ 综合实战

1.6 制作公司工资制度方案

制作公司工资制度方案可以让员工明确工资、奖金发放的模式，调动员工的工作积极性。在制作该案例时，涉及的操作有：设置文本格式、文档样式、多级列表、提取目录、密码保护等。下面将向用户详细地介绍制作流程。

■1.6.1 输入并设置方案文本格式

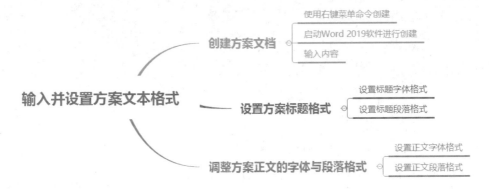

用户首先需要新建一个空白文档，然后在文档中输入相关内容，并对文本的内容格式进行设置。

1. 创建文档

用户可以使用右键菜单命令创建空白文档，具体操作方法如下。

Step 01 **启动右键菜单。** 在桌面或文件夹中单击鼠标右键，从弹出的快捷菜单中选择 "新建" 命令，然后从其级联列表中选择 "Microsoft Word文档" 选项，如图1-61所示。

Step 02 **新建空白文档。** 新建一个空白文档，并命名为 "公司工资制度方案"，双击文档图标，就可以打开该文档，如图1-62所示。

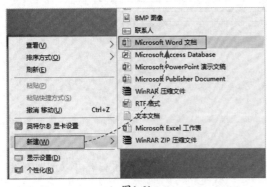

图1-61

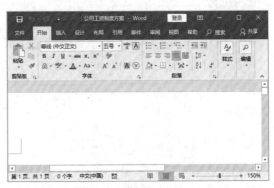

图1-62

Step 03 输入内容。 将光标插入到文档中，然后输入相关内容，如图1-63所示。

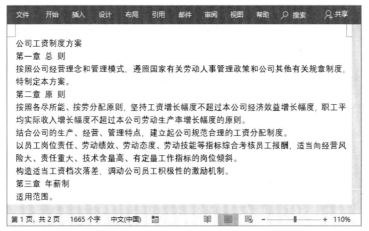

图1-63

知识拓展

除了使用右键菜单命令创建空白文档外，用户还可以直接启动Word软件，在打开界面的右侧选择"空白文档"选项，如图1-64所示，即可创建一个空白文档。

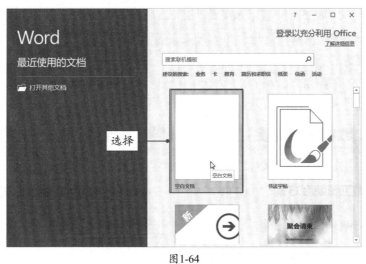

图1-64

2．设置标题格式

在文档中输入内容后，接下来需要对标题的格式进行设置，如设置标题的字体格式和段落格式，具体操作方法如下。

Step 01 设置字体格式。 选择标题"公司工资制度方案"文本，在"开始"选项卡中将字体设置为"微软雅黑"，将字号设置为"二号"，然后加粗显示，如图1-65所示。

Step 02 **设置段落格式。**在"开始"选项卡的"段落"选项组中单击对话框启动器按钮,打开"段落"对话框,在"缩进和间距"选项卡中将"对齐方式"设置为"居中",将"段后"间距设置为"1行",将"行距"设置为"1.5倍行距",如图1-66所示。设置完成后,单击"确定"按钮。

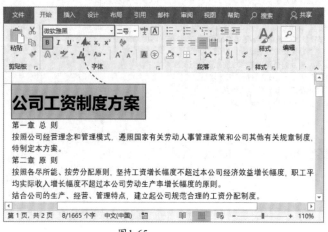

图1-65

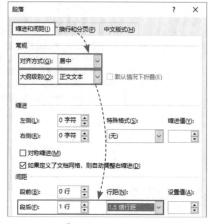

图1-66

3．设置正文字体及段落格式

设置好标题的文本格式后,接下来需要设置正文字体及段落格式,具体操作方法如下。

Step 01 **设置正文字体格式。**选择全部的正文文本,在"开始"选项卡中将字体设置为"宋体",将字号设置为"小四",如图1-67所示。

Step 02 **设置正文段落格式。**保持文本为选中状态,在"开始"选项卡的"段落"选项组中单击"行和段落间距"下拉按钮,从列表中选择"1.5",如图1-68所示,将行距设置为1.5倍。

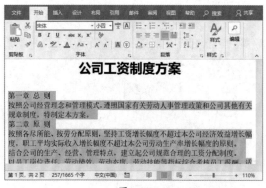

图1-67

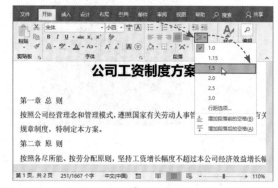

图1-68

■1.6.2 为方案设置自动化排版

设置好内容的格式后,为了使整个文档看起来更加协调、美观,需要对文档设置自动化排版,如对文档应用样式、应用多级列表和提取文档目录。

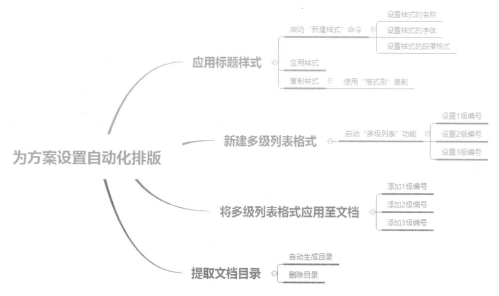

1. 应用标题样式

用户可以使用内置的标题样式，如果对内置样式不满意，可以创建新的标题样式，具体操作方法如下。

扫码观看视频

Step 01 **启动"新建样式"命令**。将光标定位在"第一章 总则"文本前，在"开始"选项卡的"样式"选项组中单击对话框启动器按钮，弹出"样式"窗格，单击窗格底部的"新建样式"按钮，如图1-69所示。

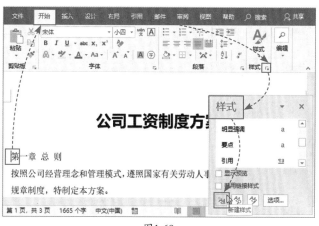

图1-69

Step 02 **设置样式名称**。打开"根据格式化创建新样式"对话框，将"名称"设置为"一级标题"，单击下方的"格式"按钮，从列表中选择"字体"选项，如图1-70所示。

Step 03 **设置样式字体**。打开"字体"对话框，在"字体"选项卡中将"中文字体"设置为"微软雅黑"，将"字形"设置为"加粗"，将"字号"设置为"小三"，如图1-71所示。

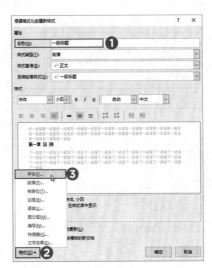

图1-70　　　　　　　　　　　　　图1-71

Step 04 设置字符间距。切换至"高级"选项卡，在"字符间距"下方将"间距"设置为"加宽"，并将"磅值"设置为"2磅"，设置完成后，单击"确定"按钮，如图1-72所示。

Step 05 设置样式段落格式。返回"根据格式化创建新样式"对话框，再次单击"格式"按钮，从列表中选择"段落"选项，如图1-73所示。打开"段落"对话框，在"缩进和间距"选项卡中将"对齐方式"设置为"左对齐"，将"大纲级别"设置为"1级"，将"段前"和"段后"间距设置为"0.5行"，然后将"行距"设置为"单倍行距"，最后单击"确定"按钮，如图1-74所示。

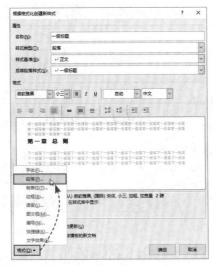

图1-72　　　　　　　　图1-73　　　　　　　　图1-74

Step 06 应用样式。返回"根据格式化创建新样式"对话框，单击"确定"按钮返回文档页面，可以看到光标所在处的文本已经应用了设置的标题样式，如图1-75所示。

Step 07 启动"格式刷"命令。 选择应用了样式的文本，在"开始"选项卡中双击"格式刷"按钮，如图1-76所示。

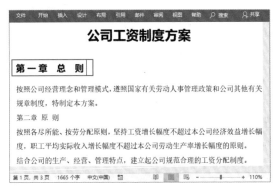

图1-75

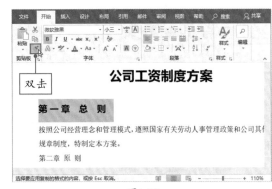

图1-76

Step 08 复制样式。 此时，鼠标光标变为小刷子形状，选择需要应用相同样式的文本，即可将样式复制到该文本上，如图1-77所示。

Step 09 查看效果。 将所有的段落标题复制相同的样式后，查看最终效果，如图1-78所示。

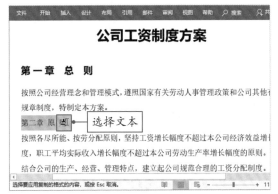

图1-77

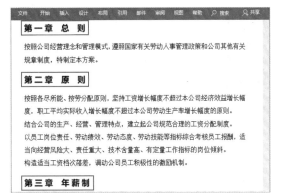

图1-78

知识拓展

用户也可以在选择文本后，在"开始"选项卡的"样式"选项组中选择设置好的"一级标题"样式，即可将样式应用到该文本上，如图1-79所示。或者选择其他内置的标题样式。

图1-79

2. 新建多级列表格式

为了组织文档中的项目，可以为文档中的内容添加多级列表，下面将介绍如何自定义多级列表。

Step 01 启动"多级列表"功能。在"开始"选项卡的"段落"选项组中单击"多级列表"下拉按钮，从列表中选择"定义新的多级列表"选项，如图1-80所示。

Step 02 设置1级编号。打开"定义新多级列表"对话框，在"单击要修改的级别"列表框中选择"1"，然后在"此级别的编号样式"列表中选择"一,二,三（简）..."选项，将"输入编号的格式"设置为"第一条"，接着在"位置"下方将"文本缩进位置"设置为"1.6厘米"，单击"字体"按钮，如图1-81所示。

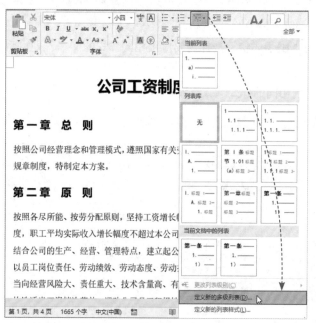

图1-80　　　　　　　　　　图1-81

● **新手误区：** 在设置编号格式时，有的用户会将系统自带的"一"删除，然后自己设置编号格式。这样会导致运用该多级列表时不会自动生成"二、三、四……"的编号格式。

Step 03 设置1级编号字体。打开"字体"对话框，在"字体"选项卡中将"中文字体"设置为"宋体"，"字形"设置为"加粗"，"字号"设置为"小四"，然后单击"确定"按钮，如图1-82所示。

Step 04 设置"编号之后"位置。返回"定义新多级列表"对话框，在下方单击"更多"按钮展开对话框。在"编号之后"下方列表中选择"制表符"选项，然后勾选"制表位添加位置"复选框，并在下面的数值框中输入"1.6厘米"，如图1-83所示。

图1-82

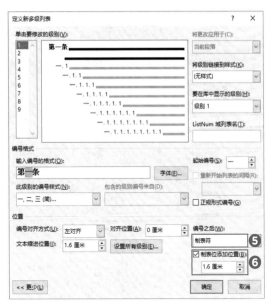
图1-83

Step 05 **设置2级编号**。在"单击要修改的级别"列表框中选择"2",然后在"此级别的编号样式"列表中选择"1,2,3,..."选项,将"输入编号的格式"设置为"1."，在"位置"下方将"文本缩进位置"设置为"2.1厘米","对齐位置"设置为"1.8厘米",然后将"编号之后"设置为"不特别标注",接着单击"字体"按钮,如图1-84所示。

Step 06 **设置2级编号字体**。打开"字体"对话框,在"字体"选项卡中将"中文字体"设置为"宋体",将"字形"设置为"常规",将"字号"设置为"五号",单击"确定"按钮,如图1-85所示。

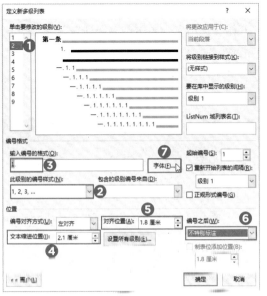
图1-84

图1-85

Step 07 设置3级编号。返回"定义新多级列表"对话框，在"单击要修改的级别"列表框中选择"3"，然后将"输入编号的格式"设置为"1）"，在"位置"下方将"文本缩进位置"设置为"3.2厘米"，将"对齐位置"设置为"2.5厘米"，将"编号之后"设置为"空格"，接着单击"字体"按钮，如图1-86所示。

Step 08 设置3级编号字体。打开"字体"对话框，在"字体"选项卡中将"中文字体"设置为"宋体"，将"字号"设置为"小五"，然后单击"确定"按钮，如图1-87所示。返回"定义新多级列表"对话框，直接单击"确定"按钮即可。

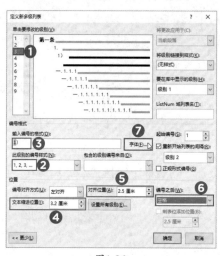

图1-86

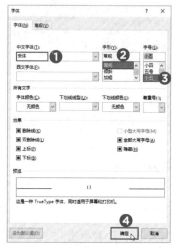

图1-87

3. 将多级列表格式应用至文档

自定义好多级列表的格式后，用户可以将其应用到文档中，具体操作方法如下。

扫码观看视频

Step 01 添加1级编号。选择文本内容，在"开始"选项卡中单击"多级列表"下拉按钮，从列表中选择"当前列表"区域下的唯一选项，如图1-88所示。

Step 02 启动"格式刷"命令。为选择的文本添加1级编号后，选择编号，然后在"开始"选项卡中双击"格式刷"按钮，如图1-89所示。

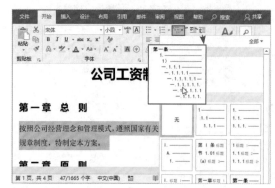

图1-88

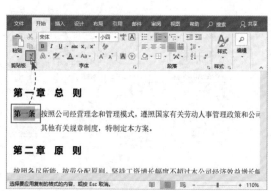

图1-89

Step 03 **继续添加编号。**此时，鼠标光标变为小刷子形状，选择其他文本，继续添加1级编号，如图1-90所示。

Step 04 **完成1级编号的添加。**为需要的文本添加1级编号后，查看最终效果，如图1-91所示。

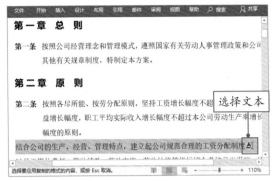

图1-90

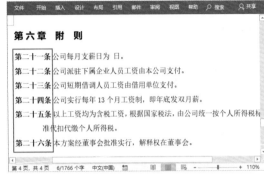

图1-91

Step 05 **添加2级编号。**选择需要添加2级编号的文本，为其添加1级编号后，再次打开"多级列表"下拉列表，从列表中选择"更改列表级别"选项，并从其级联列表中选择"2级"选项，如图1-92所示，将1级编号更改为2级编号。

Step 06 **完成2级编号的添加。**使用"格式刷"命令，为其他文本添加2级编号，如图1-93所示。

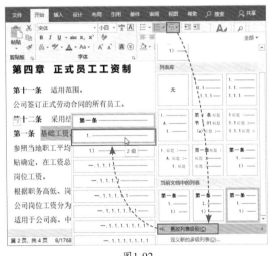

图1-92

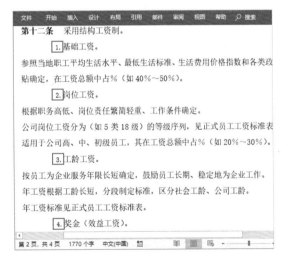

图1-93

Step 07 **添加3级编号。**选择需要添加3级编号的文本，为其添加编号后，再次打开"多级列表"下拉列表，从列表中将编号更改为"3级"编号，如图1-94所示。

Step 08 **完成3级编号的添加。**按照上述方法，为其他文本添加3级编号，如图1-95所示。

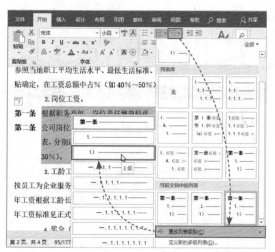

图1-94

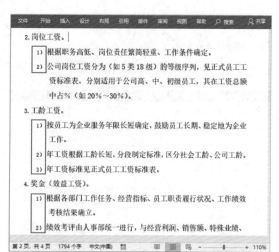

图1-95

4. 提取文档目录

如果文档内容较多，查看起来不方便，可以将文档中的段落标题提取出来，当作目录进行查看，具体操作方法如下。

扫码观看视频

Step 01 **自动生成目录。** 将光标定位在文档标题前面，切换至"引用"选项卡，单击"目录"下拉按钮，从列表中选择"自动目录1"选项，如图1-96所示，即可自动生成目录1样式的目录。

Step 02 **查看效果。** 用户可以根据需要设置目录的字体格式和段落格式，美化一下目录即可，如图1-97所示。

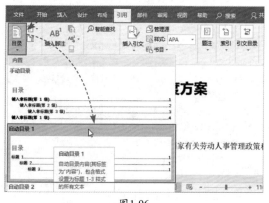

图1-96

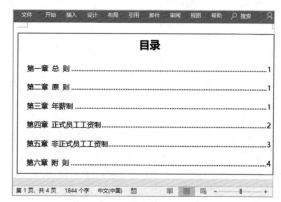

图1-97

Step 03 **删除目录。** 如果用户想要删除目录，可以选择目录，在上方单击"目录"下拉按钮，从列表中选择"删除目录"选项即可，如图1-98所示。

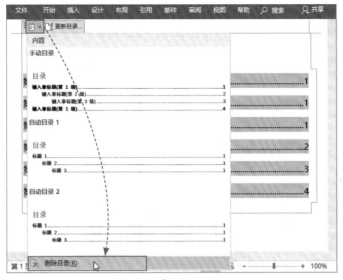

图1-98

■1.6.3　保护方案文档内容

为了防止文档中的信息被泄露给公司以外的人员，用户可以为文档进行加密设置，保护文档，具体操作方法如下。

Step 01 **启动保护命令**。打开"文件"菜单，选择"信息"选项，在"信息"面板中单击"保护文档"下拉按钮，从列表中选择"用密码进行加密"选项，如图1-99所示。

Step 02 **设置密码**。打开"加密文档"对话框，在"密码"文本框中输入设置的密码"123"，然后单击"确定"按钮，弹出一个"确认密码"对话框，在"重新输入密码"文本框中再次输入设置的密码"123"，最后单击"确定"按钮即可，如图1-100所示。

Step 03 **查看效果**。保存文档后，再次打开文档，可以看到弹出一个"密码"对话框，只有输入正确的密码才能打开该文档，如图1-101所示。

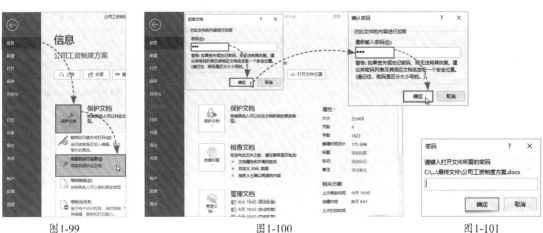

图1-99　　　　　　　　　图1-100　　　　　　　　　图1-101

ⓦ 课后作业

通过前面的讲解，相信大家已经掌握了文档的一些基本操作，接下来利用所学知识制作一份"入职通知书"。

操作提示

（1）新建一个空白文档，并命名为"入职通知书"，在其中输入相关内容。

（2）将标题"入职通知书"的字体设置为"微软雅黑"，字号设置为"一号"，加粗居中显示，并将"段前"设置为"0.5行"，"段后"设置为"1行"，"行距"设置为"1.5倍行距"。

（3）将正文的字体设置为"宋体"，字号设置为"四号"，行距为1.5倍。

（4）在"先生/女士："前面添加下划线，并将文本加粗显示。

（5）将第一段文本设置为"首行缩进：2字符"，然后在相关文本后面添加下划线。

（6）为第二段文本添加"编号"。最后将文本"此致！"设置为加粗显示，"段前"间距为"1行"。将结尾的文本设置为加粗显示、右对齐，"段前"间距为"2行"。

效果参考

入职通知书

先生/女士：
非常高兴地通知您，您应聘我公司的 岗位，经审核，决定予以录用。请于 年 月 日(星期)上午 时，携带下列物品文件及详填函附的表格，前往本公司人力资源部报到。
1寸免冠白底照片叁张。
居民身份证原件及复印件。
毕业证书、学位证书原件及复印件。
相关的职业资格证书原件及复印件。
户口本主页及本人页复印件。
按本公司规定，新进员工必须先行试用3个月，试用期间月薪为2000。
报到地点：徐州市龙华区科技园
报到后，本公司将为您做岗前介绍。包括本公司人事制度、福利、服务守则及其他注意事项，使您在本公司工作期间，满足、愉快。
如果您还有其他问题，请与我部联系，联系电话：187XXXX4210。
此致！
德胜设计有限公司人力资源部
2019年8月16日

原始效果

入职通知书

_____**先生/女士：**

　　非常高兴地通知您，您应聘我公司的_____岗位，经审核，决定予以录用。请于___年___月___日(星期__)上午__时，携带下列物品文件及详填函附的表格，前往本公司人力资源部报到。

1. 1寸免冠白底照片叁张。
2. 居民身份证原件及复印件。
3. 毕业证书、学位证书原件及复印件。
4. 相关的职业资格证书原件及复印件。
5. 户口本主页及本人页复印件。

按本公司规定，新进员工必须先行试用3个月，试用期间月薪为2000。

报到地点：徐州市龙华区科技园

报到后，本公司将为您做岗前介绍。包括本公司人事制度、福利、服务守则及其他注意事项，使您在本公司工作期间，满足、愉快。

如果您还有其他问题，请与我部联系，联系电话：187XXXX4210 。

此致！

德胜设计有限公司人力资源部
2019年8月16日

最终效果

Tips

在制作过程中，如有疑问，可以与我们进行交流（QQ群号：728245398）。

第 2 章

图文混排并不难

　　使用Word除了可以制作一些简单的文档外，还可以利用图片、图形、文本框、艺术字等制作出"高大上"的图文混排文档。图文混排就是把图形和文字混合在一起，而且还要混得好看，这不仅要求掌握以上命令的使用方法，还要求具有一定的审美能力。本章内容将对图片、图形、文本框、艺术字的应用进行详细的介绍。

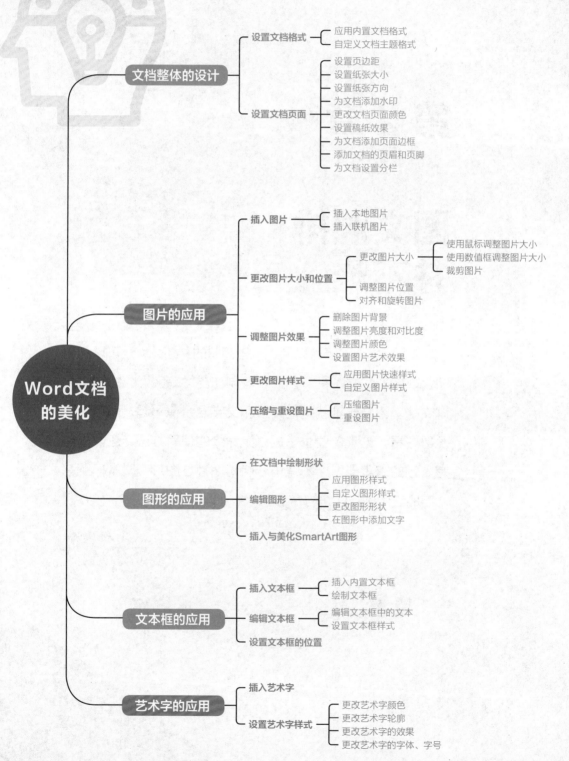

思维导图

Word文档
的美化

文档整体的设计
- 设置文档格式
  - 应用内置文档格式
  - 自定义文档主题格式
- 设置文档页面
  - 设置页边距
  - 设置纸张大小
  - 设置纸张方向
  - 为文档添加水印
  - 更改文档页面颜色
  - 设置稿纸效果
  - 为文档添加页面边框
  - 添加文档的页眉和页脚
  - 为文档设置分栏

图片的应用
- 插入图片
  - 插入本地图片
  - 插入联机图片
- 更改图片大小和位置
  - 更改图片大小
    - 使用鼠标调整图片大小
    - 使用数值框调整图片大小
    - 裁剪图片
  - 调整图片位置
  - 对齐和旋转图片
- 调整图片效果
  - 删除图片背景
  - 调整图片亮度和对比度
  - 调整图片颜色
  - 设置图片艺术效果
- 更改图片样式
  - 应用图片快速样式
  - 自定义图片样式
- 压缩与重设图片
  - 压缩图片
  - 重设图片

图形的应用
- 在文档中绘制形状
- 编辑图形
  - 应用图形样式
  - 自定义图形样式
  - 更改图形形状
  - 在图形中添加文字
- 插入与美化SmartArt图形

文本框的应用
- 插入文本框
  - 插入内置文本框
  - 绘制文本框
- 编辑文本框
  - 编辑文本框中的文本
  - 设置文本框样式
- 设置文本框的位置

艺术字的应用
- 插入艺术字
- 设置艺术字样式
  - 更改艺术字颜色
  - 更改艺术字轮廓
  - 更改艺术字的效果
  - 更改艺术字的字体、字号

Ⓦ 知识速记

2.1　页面的布局设计

页面的布局设计包括对文档的页边距、纸张大小、页面背景、页眉和页脚等进行设置，是制作各种文档必不可少的一步。

■2.1.1　文档页面设置

对文档页面常用的设置包括页边距、纸张大小、方向和分栏等。只需在"布局"选项卡的"页面设置"选项组中单击对话框启动按钮，在打开的"页面设置"对话框中可以设置页边距、纸张方向、纸张大小等，如图2-1所示。

扫码观看视频

图2-1

对文档进行分栏，以便于观看和阅读。通过单击"栏"下拉按钮，从列表中选择"更多栏"选项，在打开的"栏"对话框中（图2-2）根据需要将文本设置为两栏、三栏等，如图2-3所示。

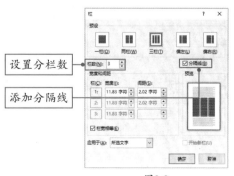

图2-2

离骚

帝高阳之苗裔兮，朕皇考曰伯庸，摄提贞于孟陬兮，惟庚寅吾以降。皇览揆余初度兮，肇锡余以嘉名：名余曰正则兮，字余曰灵均。

坠露兮，夕餐秋菊之落英。苟余情其信姱以练要兮，长顑颔亦何伤。擥木根以结茝兮，贯薜荔之落蕊。矫菌桂以纫蕙兮，索胡绳之

离骚

帝高阳之苗裔兮，朕皇考曰伯庸，摄提贞于孟陬兮，惟庚寅吾以降，皇览揆余初度

之故也。曰黄昏以为期兮，羌中道而改路？初既与余成言兮，后悔遁而有他。余既

兮，终不察夫民心，众女嫉余之蛾眉兮，谣诼谓余以善淫，固时俗之工巧兮，偭

图2-3

■2.1.2 设计页面背景

用户可以按需要为文档设置页面背景，在"设计"选项卡中单击"页面颜色"下拉按钮，从中选择合适的颜色作为文档的背景颜色即可，如图2-4所示。

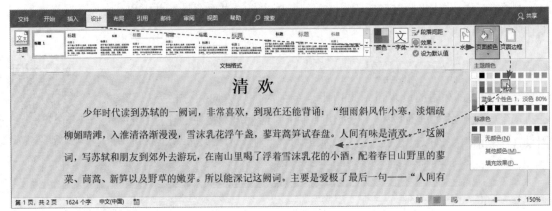

图2-4

知识拓展

有的文档需要添加水印，在"设计"选项卡的"页面背景"选项组中单击"水印"下拉按钮，从列表中选择需要的样式即可。

需要为文档设置边框的话，在"页面背景"选项组中单击"页面边框"按钮，在打开的"边框和底纹"对话框中进行设置即可。

用户还可以在"页面颜色"列表中选择"填充效果"选项，在"填充效果"对话框中对文档页面设置"渐变""纹理""图案""图片"填充效果，如图2-5所示。

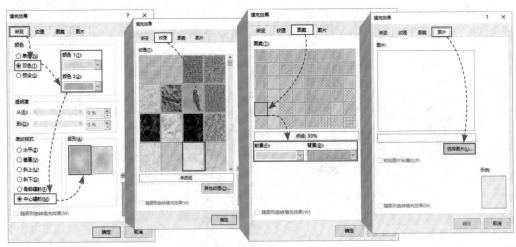

图2-5

■2.1.3　设计特殊稿纸

制作信纸或仿古信笺之类的文档时，就需要设置稿纸效果。在"布局"选项卡中单击"稿纸设置"按钮，在"稿纸设置"对话框中对稿纸的格式、行列数、网格颜色等进行设置即可，如图2-6所示。

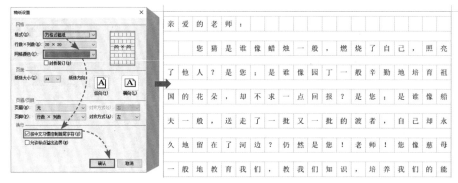

图2-6

■2.1.4　添加文档的页眉和页脚

扫码观看视频

制作合同、标书、论文等文档时，一般需要在文档中添加页眉和页脚。例如，要想在论文中添加页眉，需要在文档页面上方空白处双击鼠标，页眉即可处于编辑状态，直接输入页眉内容，然后单击"关闭页眉和页脚"按钮即可。

使用这种方法添加的页眉没有横线，要想显示横线，可以在"插入"选项卡中单击"页眉"下拉按钮，从列表中选择页眉样式即可，如图2-7所示。

图2-7

知识拓展

　　如果用户想要去掉页眉的横线，可以将光标置于页眉处，在"开始"选项卡中单击"边框"下拉按钮，从列表中选择"边框和底纹"选项，在打开的"边框和底纹"对话框中将边框设置为"无"并应用于"段落"，即可去掉横线，如图2-8所示。

　　或者将光标置于页眉处，在"开始"选项卡中直接单击"清除所有格式"按钮，即可快速去掉页眉的横线。

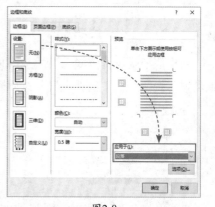

图2-8

　　插入页脚的方法和页眉相似，这里就不再赘述了。

2.2 图片的应用

　　在文档中使用图片，结合文字，以图文并茂的形式呈现，更能展现文档的魅力。但为了更好地展示图片，需要对图片进行一系列调整。

■2.2.1 插入图片

　　插入图片其实很简单，在"插入"选项卡中单击"图片"按钮，在打开的"插入图片"对话框中选择需要的图片，然后单击"插入"按钮即可，如图2-9所示。

　　此外，用户还可以插入联机图片，单击"联机图片"按钮，在打开的面板中输入搜索内容，然后按Enter键进行搜索，如图2-10所示。

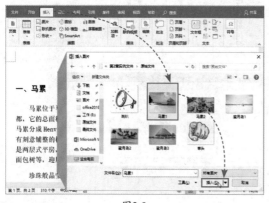

图2-9

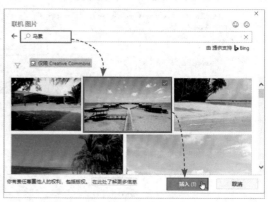

图2-10

■2.2.2　更改图片的大小和位置

插入图片后，用户可以对图片的大小和位置进行更改。例如，拖动鼠标来调整图片的大小，如图2-11所示。还可以使用数值框来调整图片的大小，如图2-12所示。

图2-11

图2-12

要想更改图片的位置，可以在"图片工具-格式"选项卡的"排列"选项组中单击"位置"下拉按钮，从中选择合适的位置，或者单击"环绕文字"下拉按钮，选择合适的环绕方式，如图2-13所示。

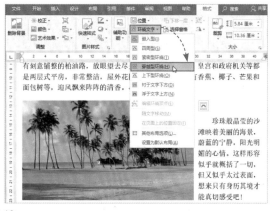

图2-13

此外，用户也可以选中图片，然后将鼠标光标移至图片上方，按住鼠标左键不放，拖动鼠标，将光标移至其他位置，即可快速调整图片的位置，如图2-14所示。

图2-14

2.2.3 裁剪图片

有时会根据需要使用图片的一部分，舍弃其他部分，这时就可以使用"裁剪"命令。在"图片工具-格式"选项卡中单击"裁剪"按钮，图片周围会出现8个裁剪点，选择任意一个裁剪点，然后拖动鼠标进行裁剪，裁剪好后按Esc键退出即可。图片中的灰色区域是即将被裁剪掉的部分，如图2-15所示。

图2-15

知识拓展

　　用户也可以将图片裁剪成形状，只需单击"裁剪"下拉按钮，从列表中选择"裁剪为形状"选项，并从其级联列表中选择合适的形状，即可将图片裁剪成选中的形状。

2.2.4 调整图片整体效果

插入图片后，用户可以调整图片的亮度和对比度、颜色、艺术效果、样式等。

打开"图片工具-格式"选项卡，在"调整"选项组中单击"校正"下拉按钮，从列表中根据需要选择合适的亮度和对比度效果，如图2-16所示。

扫码观看视频

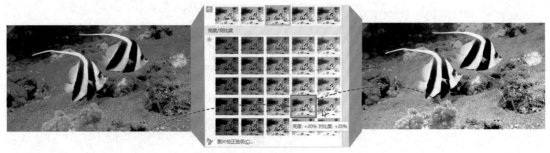

图2-16

在"调整"选项组中单击"颜色"下拉按钮，从列表中选择合适的颜色饱和度即可，如图2-17所示。

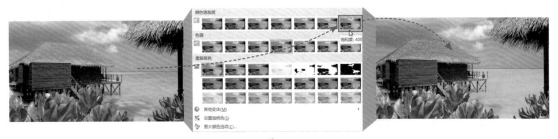

图2-17

在"调整"选项组中单击"艺术效果"下拉按钮，从列表中选择合适的艺术效果即可，如图2-18所示。

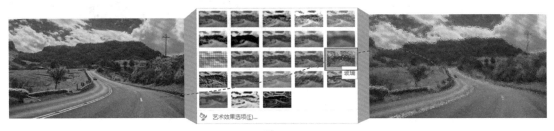

图2-18

用户可以在"图片工具-格式"选项卡的"图片样式"选项组中单击"其他"按钮，从列表中选择合适的样式即可，如图2-19所示。

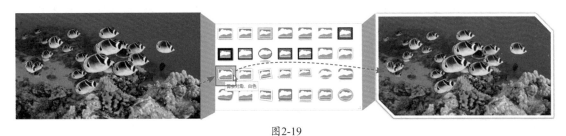

图2-19

此外，用户还可以在"格式"选项卡的"图片样式"选项组中自定义图片的样式，即设置图片的边框和效果，如图2-20所示。

图2-20

41

■2.2.5 去除图片背景

扫码观看视频

在Word中用用户可以对图片的背景进行删除。选中所需图片，在"图片工具-格式"选项卡中单击"删除背景"按钮，打开"背景消除"选项卡，标记要保留的图片区域，标记完成后单击"保留更改"按钮，或者按Esc键退出即可，如图2-21所示。

图2-21

知识拓展

当文档中含有大量图片时，文档大小也会相应地增加，为了方便传送和保存文档，需要将图片压缩，即在"图片工具-格式"选项卡中单击"压缩图片"按钮，在打开的"压缩图片"对话框中对"压缩选项"和"分辨率"参数进行设置即可，如图2-22所示。

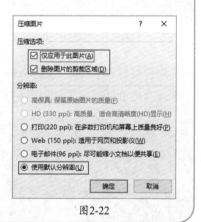

图2-22

2.3 图形的应用

在文档中使用图形进行辅助说明或作为修饰，可以更好地展示文档内容。其涉及图形的绘制、图形的美化、插入SmartArt图形等。

■2.3.1 绘制基本图形

在"插入"选项卡中单击"形状"下拉按钮，从列表中进行选择，可以绘制一些简单的图形，如直线、矩形、圆形、三角形等，如图2-23所示。

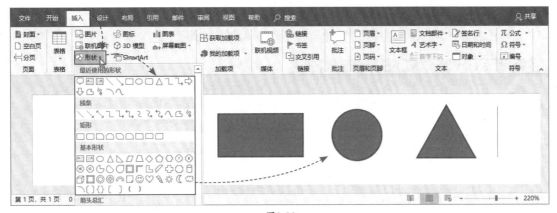

图2-23

● **新手误区：** 在绘制垂直线或水平线的时候，切记要配合Shift键来完成，否则很难绘制出精确的垂直线或水平线。需要Shift键配合绘制的形状还包括原始比例的等腰三角形、等边菱形、正圆形等。

■2.3.2　设置图形样式

　　绘制图形后，为了让图形更加美观，可以对图形的样式进行设置。选中绘制的图形后，在"绘图工具-格式"选项卡的"形状样式"选项组中单击"形状填充"下拉按钮，从中可以设置形状的填充颜色，也可以设置图片填充、渐变填充、纹理填充等，如图2-24所示。

　　在"形状样式"选项组中单击"形状轮廓"下拉按钮，从列表中可以设置形状的轮廓颜色、粗细、线型等，如图2-25所示。

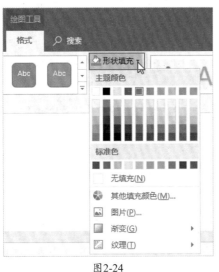

图2-24　　　　　　　　　　图2-25

　　在"形状样式"选项组中单击"形状效果"下拉按钮，从列表中可以设置形状的预设、阴影、映像、发光、棱台等效果，如图2-26所示。

此外，单击"形状样式"选项组的对话框启动器按钮，在打开的"设置形状格式"窗格中可以对形状的填充与线条、效果等进行详细的设置，如图2-27所示。

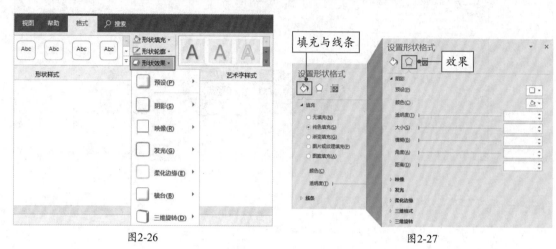

图2-26   图2-27

■2.3.3 在图形中添加文字

在文档中插入形状，除了用来装饰文档外，还可以在图形中添加文字，用来显示流程类的内容。只需选中形状，右击，从弹出的快捷菜单中选择"添加文字"选项，即可在形状中输入文字，如图2-28所示。

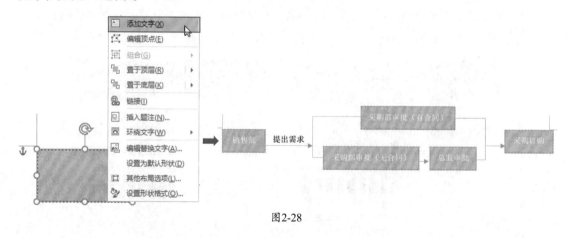

图2-28

■2.3.4 插入和美化SmartArt图形

在Word文档中，用户还可以利用SmartArt图形来制作流程图、关系图等。在"插入"选项卡中单击"SmartArt"按钮，在打开的"选择SmartArt图形"对话框中选择合适的图形，即可插入选中的SmartArt图形，如图2-29所示。

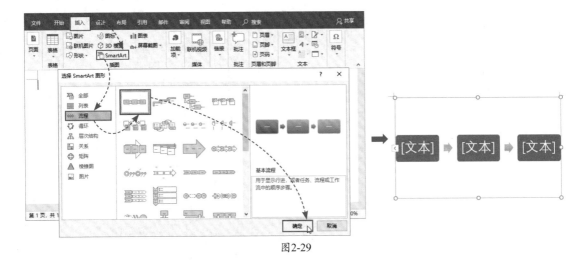

图2-29

　　插入SmartArt图形后，用户可以根据需要对图形进行美化。选中图形后，在"SmartArt工具-设计"选项卡中，可以对图形的颜色和样式进行快速更改，如图2-30所示。

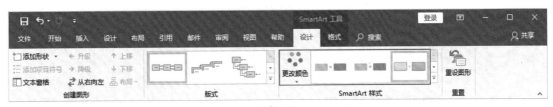

图2-30

知识拓展

　　如果用户想要在SmartArt图形中添加形状，可以在"SmartArt工具-设计"选项卡的"创建图形"选项组中单击"添加形状"下拉按钮，从列表中根据需要进行选择即可。

2.4 文本框的应用

　　使用文本框，可以使文字的排版更加轻松、随意，在制作非正式文档时，文本框的使用频率比较高。

■ 2.4.1 插入文本框

　　在文档中可以插入内置的文本框，也可以绘制文本框。在"插入"选项卡中单击"文本框"下拉按钮，从列表中选择内置的文本框样式，或者绘制横排文本框或竖排文本框，如图2-31所示。

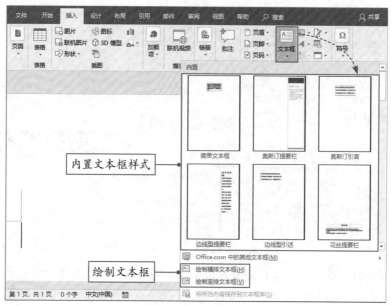

图2-31

● **新手误区：** 在文档中使用文本框可以丰富页面版式。对于新手来说，建议选择简单的文本框样式。在没有把握的情况下，千万不要对文本框的样式进行自定义设置，否则会非常难看。

■2.4.2 设置文本框样式

插入文本框后，会根据需要对文本框的样式进行设置。选中文本框，在"绘图工具-格式"选项卡的"形状样式"选项组中对文本框的填充、轮廓和效果进行设置即可，如图2-32所示。

将文本框设置为"无填充"和"无轮廓"，效果如图2-33所示。将文本框的填充颜色设为"绿色"，轮廓颜色设置为"深绿色"，轮廓粗细设置为"0.5磅"，轮廓线型设置为"圆点"，并添加了"阴影"效果，如图2-34所示。

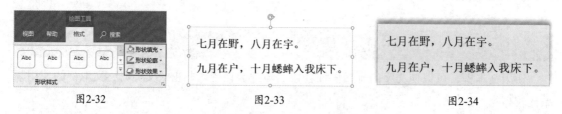

图2-32　　　　　　　　　图2-33　　　　　　　　　图2-34

2.5 艺术字的应用

在制作像贺卡、明信片、海报等文档时，使用艺术字会给文档增加光彩。下面将向用户介绍一下艺术字功能的应用操作。

■2.5.1　插入艺术字

插入艺术字的方法很简单，在"插入"选项卡中单击"艺术字"下拉按钮，从列表中选择合适的艺术字样式，此时在页面中会显示艺术字的文本样式，按照需要输入文本内容即可，如图2-35所示。

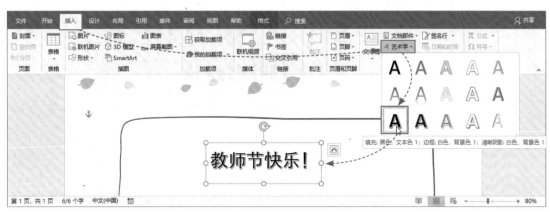

图2-35

■2.5.2　更改艺术字样式

插入艺术字后，如果对默认样式不满意，可以对艺术字的字体、字号、颜色、轮廓、效果等进行设置。选中艺术字，在"开始"选项卡的"字体"选项组中，可以设置艺术字的字体和字号，如图2-36所示。

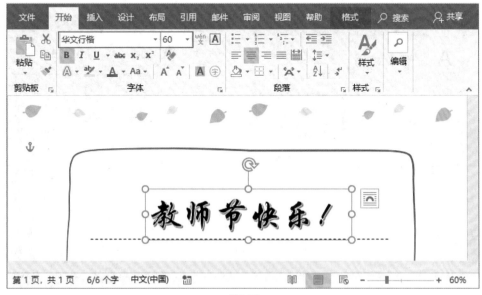

图2-36

在"绘图工具-格式"选项卡的"艺术字样式"选项组中单击"文本填充"下拉按钮，从列表中选择颜色即可更改艺术字的颜色，如图2-37所示。

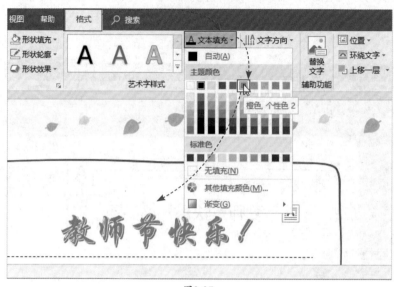

图2-37

单击"文本轮廓"下拉按钮，从列表中可以对艺术字的轮廓样式进行设置，如轮廓颜色、粗细、线型等，如图2-38所示。

单击"文本效果"下拉按钮，从列表中可以对艺术字的效果进行设置，如添加阴影、映像、发光等效果，如图2-39所示。

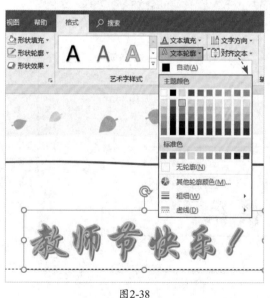

图2-38

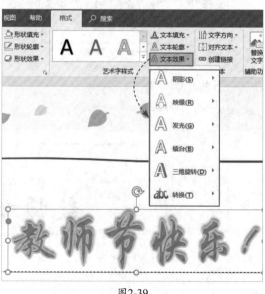

图2-39

综合实战

2.6　制作企业年度简报

简报通常是传递公司内部信息的简短小报，具有简、精、快、新、实、活和连续性等特点。在制作该案例时，涉及的操作有文本框、图形、艺术字、图片、表格的应用。下面将向用户详细地介绍制作流程。

■2.6.1　设计简报的报头内容

简报报头通常显示在简报首页，由标题和期刊号组成。用户需要应用艺术字、文本框和图形来设计简报的报头内容，具体操作方法如下。

扫码观看视频

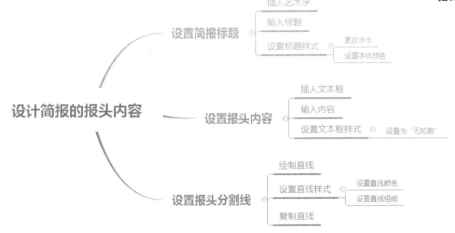

Step 01 **新建文档**。打开"布局"选项卡，单击"页面设置"选项组的对话框启动器按钮，如图2-40所示。

Step 02 **设置页边距**。打开"页面设置"对话框，在"页边距"选项卡中将"上""下""左""右"的页边距均设置为"0.5厘米"，如图2-41所示。

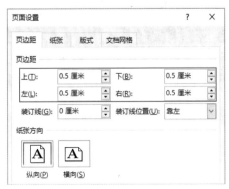

图2-40　　　　　　　　　　　图2-41

49

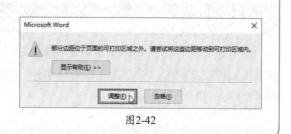
Step 03 **插入艺术字。**切换至"插入"选项卡，在"文本"选项组中单击"艺术字"下拉按钮，从列表中选择合适的艺术字样式，如图2-43所示。

Step 04 **输入标题。**文档页面随即插入一个文本框，在文本框中输入标题文本"德胜年度简报"，如图2-44所示。

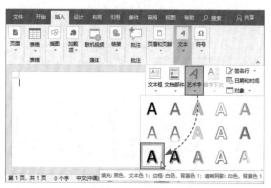

图2-43

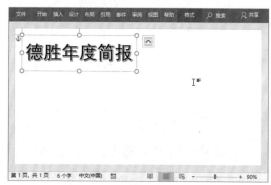

图2-44

Step 05 **设置艺术字填充颜色。**选择艺术字，在"绘图工具-格式"选项卡的"艺术字样式"选项组中单击"文本填充"下拉按钮，从列表中选择"橙色，个性色2"选项，如图2-45所示。

Step 06 **更改艺术字字体。**打开"开始"选项卡，将艺术字的字体更改为"微软雅黑"，并移至页面的合适位置，如图2-46所示。

图2-45

图2-46

Step 07 插入文本框。在"插入"选项卡的"文本"选项组中单击"文本框"下拉按钮，从列表中选择"绘制横排文本框"选项，绘制一个横排文本框，并输入文本内容，如图2-47所示。

Step 08 设置文本字体格式。选择文本，在"开始"选项卡中将字体设置为"黑体"，字号设置为"11"，设置字体的颜色，然后加粗显示，如图2-48所示。

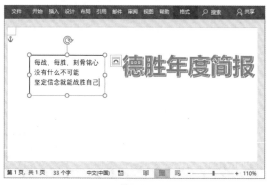
图2-47

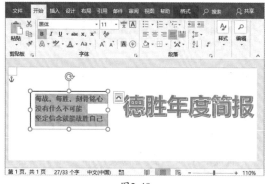
图2-48

Step 09 设置文本框样式。选中文本框，将其设置为"无轮廓"，然后按照同样的方法输入其他文本内容，并放在页面的适当位置，如图2-49所示。

Step 10 绘制直线。在"插入"选项卡中单击"形状"下拉按钮，从列表中选择"直线"选项，然后按住Shift键不放，拖动鼠标绘制一条直线，如图2-50所示。

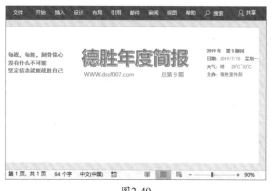
图2-49

图2-50

● **新手误区：** 绘制直线时，直接拖动鼠标进行绘制的话，其直线不易画直，这时用户可以按住Shift键的同时来绘制，就不会出现线条倾斜的情况了。

Step 11 设置直线样式。选中直线，在"绘图工具-格式"选项卡中单击"形状轮廓"下拉按钮，从列表中选择"橙色"，并将"粗细"设置为"2.25磅"，如图2-51所示。

Step 12 复制直线。再次选择直线，按组合键Ctrl+D复制一条直线，然后更改直线的粗细，如图2-52所示。

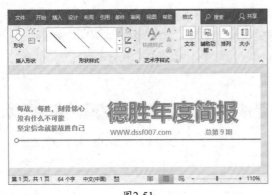

图2-51

图2-52

■ 2.6.2　设计简报的正文内容

扫码观看视频

简报的报头版式设计完成后，接下来需要设计简报的正文内容。其主要利用文本框和表格进行排版，具体操作方法如下。

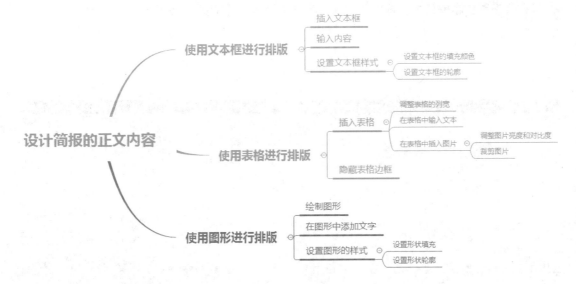

1.使用文本框进行排版

为了排版方便，用户可以使用"文本框"功能对正文内容进行设计，下面介绍具体的操作方法。

Step 01 **插入文本框。**在"插入"选项卡中单击"文本框"下拉按钮，插入一个简单的文本框，并将其放置在正文的合适位置，如图2-53所示。

Step 02 **输入内容。**删除文本框中的文本，然后输入所需内容，如图2-54所示。

Step 03 **添加项目符号。**在文本框中选中相应的文本内容，在"开始"选项卡中单击"项目符号"下拉按钮，从中选择合适的符号样式，为文本添加项目符号，如图2-55所示。

Step 04 **设置文本框轮廓。**选中文本框，在"绘图工具-格式"选项卡中单击"形状轮廓"下拉按钮，从列表中选择"无轮廓"选项，如图2-56所示。

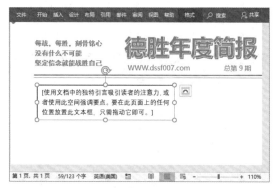

图2-53

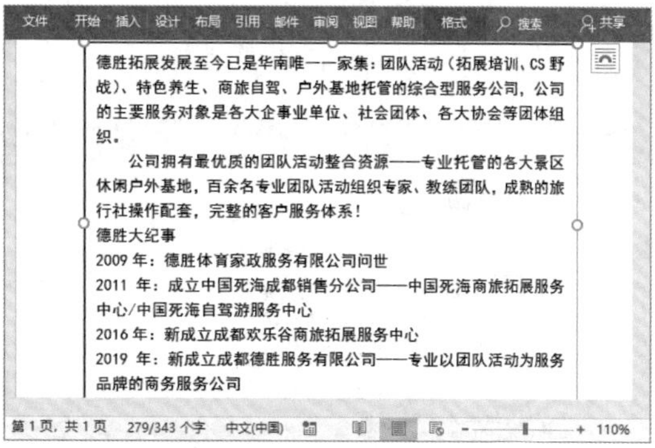

图2-54

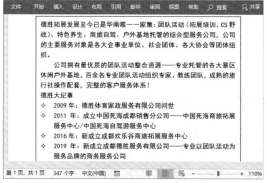

图2-55

图2-56

Step 05 **绘制矩形。**在"插入"选项卡中单击"形状"下拉按钮，从列表中选择"矩形"选项，然后在页面的合适位置绘制一个矩形，如图2-57所示。

Step 06 **在矩形中添加文字。**选中矩形，右击，选择"添加文字"命令，然后在矩形中输入文本内容，如图2-58所示。

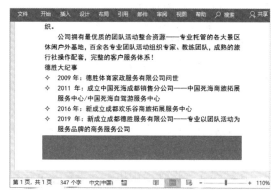

图2-57

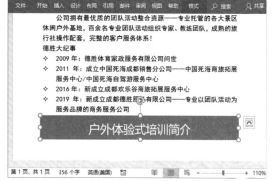

图2-58

Step 07 **设置矩形样式。** 选中矩形，在"绘图工具-格式"选项卡中将"形状填充"设置为"橙色"，将"形状轮廓"设置为"无轮廓"，如图2-59所示。

Step 08 **插入其他文本框。** 在"插入"选项卡中单击"文本框"下拉按钮，插入其他文本框，并设置好版式，如图2-60所示。

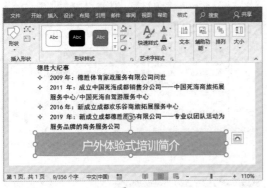

图2-59

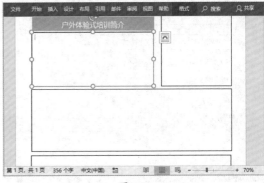

图2-60

Step 09 **输入内容。** 在右侧的文本框中输入相关内容，并设置文本的字体格式，然后将文本框设置为"无轮廓"，如图2-61所示。

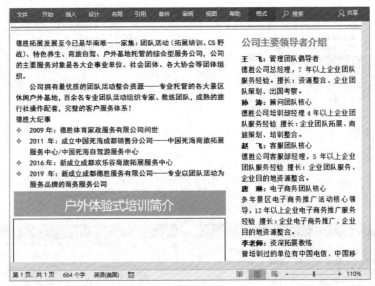

图2-61

2．使用表格进行排版

除了可以使用文本框对文本进行排版外，用户还可以使用表格进行排版。下面将介绍具体的操作方法。

Step 01 **插入表格。** 将光标插入底部的文本框中，在"插入"选项卡中单击"表格"下拉按钮，从列表中选择1行2列的表格，如图2-62所示。

Step 02 调整列宽。在表格的第1个单元格中输入文本内容，然后将光标放在第1个单元格右侧的分割线上，当光标变为双向箭头时，拖动鼠标调整列宽，如图2-63所示。

图2-62

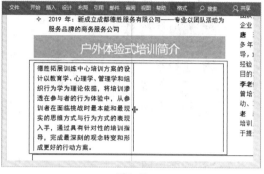

图2-63

知识拓展

> 对表格的插入和编辑操作会在后面章节进行详细的介绍，在此就不进行详细讲解了。

Step 03 插入图片。将光标插入到第2个单元格中，在"插入"选项卡中单击"图片"按钮，插入所需图片，然后调整图片的大小，如图2-64所示。

Step 04 调整图片位置。选中图片，在"表格工具-布局"选项卡的"对齐方式"选项组中单击"水平居中"按钮，如图2-65所示，即可使图片在表格中居中显示。

图2-64

图2-65

Step 05 设置图片的亮度和对比度。选中图片，打开"图片工具-格式"选项卡，在"调整"选项组中单击"校正"下拉按钮，从列表中选择"亮度：+20% 对比度：+20%"选项，如图2-66所示。

Step 06 裁剪图片。保持图片为选中状态，在"格式"选项卡中单击"裁剪"下拉按钮，从列表中选择"裁剪为形状"选项，并从其级联列表中选择要裁剪成的形状，这里选择"矩形：圆角"选项，如图2-67所示。

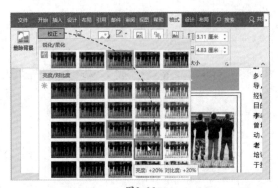
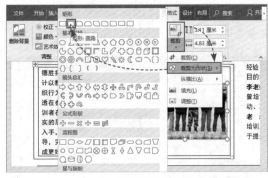

图2-66
图2-67

Step 07 隐藏表格框线。选中表格,在"开始"选项卡中单击"边框"下拉按钮,从列表中选择"无框线"选项,如图2-68所示。

Step 08 隐藏文本框轮廓。选中文本框,在"绘图工具-格式"选项卡中将"形状轮廓"设置为"无轮廓",如图2-69所示。

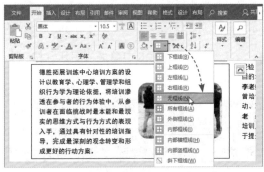

图2-68
图2-69 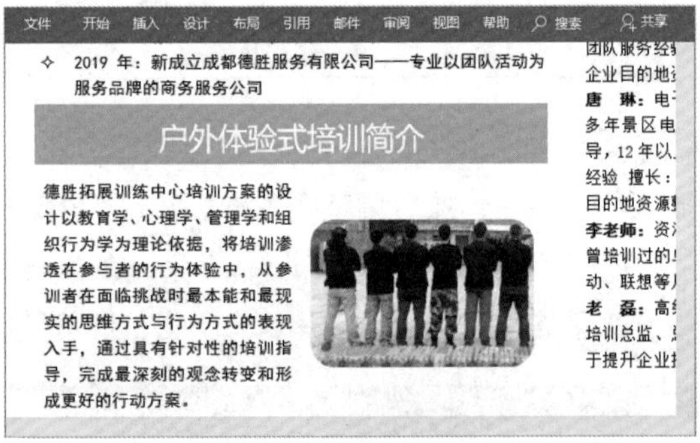

Step 09 插入表格。将光标插入到下一个文本框中,插入1行2列的表格,并在第1个单元格中插入图片,在第2个单元格中输入文本内容,如图2-70所示。

Step 10 设置文本框样式。选中表格,将其设置为"无框线"。选中文本框,在"格式"选项卡中将"形状填充"设置为"橙色",将"形状轮廓"设置为"无轮廓",如图2-71所示。

图2-70
图2-71

用思维导图学 Office ·· Word/Excel/PPT

Step 11 **插入文本框。** 在该文本框左下角绘制一个横排文本框，并输入文本标题，然后将文本框设置为"无填充"和"无轮廓"，如图2-72所示。

Step 12 **插入图片。** 将光标插入到最后一个文本框中，在"插入"选项卡中单击"图片"按钮，插入相应的图片，并调整图片的大小，如图2-73所示。

图2-72

图2-73

知识拓展

选中图片，在"图片工具-格式"选项卡中单击"图片效果"下拉按钮，在列表中可以根据需要为图片设置合适的预设、阴影、映像、发光等效果，如图2-74所示。

图2-74

Step 13 **设置文本框的粗细。** 选中文本框，将文本框的"形状填充"设置为"无填充"，然后单击"形状轮廓"下拉按钮，从列表中选择"粗细"选项，并从其级联列表中选择"1.5磅"，如图2-75所示。

Step 14 **设置文本框的线型。** 再次打开"形状轮廓"下拉列表，从中选择"虚线"选项，并从其级联列表中选择"圆点"选项，如图2-76所示。

图2-75

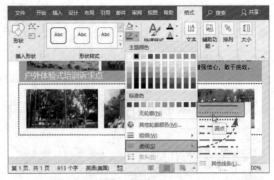

图2-76

Step 15 **设置文本框的轮廓颜色。**在"形状轮廓"列表中选择合适的轮廓颜色，这里选择"橙色，个性色2，深色25%"选项，如图2-77所示。

Step 16 **输入标题内容。**在文本框右侧绘制一个横排文本框，并输入标题内容，然后将文本框设置为"无填充"和"无轮廓"，如图2-78所示。

图2-77

图2-78

■2.6.3 设计简报的报尾内容

简报的正文版式设计完成后，下面将对简报的报尾版式进行设计，其主要内容包括页码和公司名称。

Step 01 **绘制矩形。**在"形状"列表中选择"矩形"选项，然后在页面底部绘制两个矩形，并对矩形的"形状填充"和"形状轮廓"进行设置，如图2-79所示。

图2-79

Step 02 **在矩形中添加文字。**在小矩形中添加页码，然后在大矩形中输入公司名称，并对文本格式进行设置，如图2-80所示。

Step 03 **组合形状。**选中两个矩形，右击，从弹出的快捷菜单中选择"组合"命令，然后选择"组合"选项，如图2-81所示。

图2-80　　　　　　　　　　　　　　　图2-81

Step 04 **查看效果。**制作好企业年度简报后，单击"文件"按钮，在"文件"菜单中选择"打印"选项，在打印预览区域可以预览最终效果，如图2-82所示。

图2-82

Ⓦ课后作业

通过前面的讲解，相信大家已经掌握了图文混排的操作方法，下面根据操作提示练习制作一个旅游景点的介绍文案。

操作提示

（1）新建一个空白文档，命名为"旅游景点介绍"，然后输入相关内容。将正文内容的字体设置为"宋体"，字号设置为"小四"，将首行缩进设置为2字符，将行距设置为1.5倍。

（2）插入艺术字，并输入文本"张家界"。更改艺术字文本的填充颜色及字体、字号，然后将其放在文档顶部的合适位置。

（3）插入图片，将其"环绕方式"设置为"衬于文字下方"，更改图片的亮度和对比度，调整图片的大小后将其移至页面底部。

（4）绘制一个矩形，设置矩形的填充颜色和轮廓，然后插入三张图片，裁剪到合适的大小后放在矩形上方。绘制一条直线，并对直线的颜色、粗细、线型进行设置，复制一条直线，并将其放在矩形的上方。最后，使用其他形状作为装饰即可。

效果参考

原始效果　　　　　　　　　　　最终效果

Tips

在制作过程中，如有疑问，可以与我们进行交流（QQ群号：728245398）。

第 3 章

表格应用
见真功

　　许多人觉得用Word做表格非常麻烦，花很多时间还不一定搞定。但制作像请假条、简历、计划表之类的文档时，又不得不使用"表格"功能。所以，表格在Word中还算占有一席之地。本章内容将详细地介绍表格的创建、美化、表格与文本的相互转换及在表格中执行的简单运算。

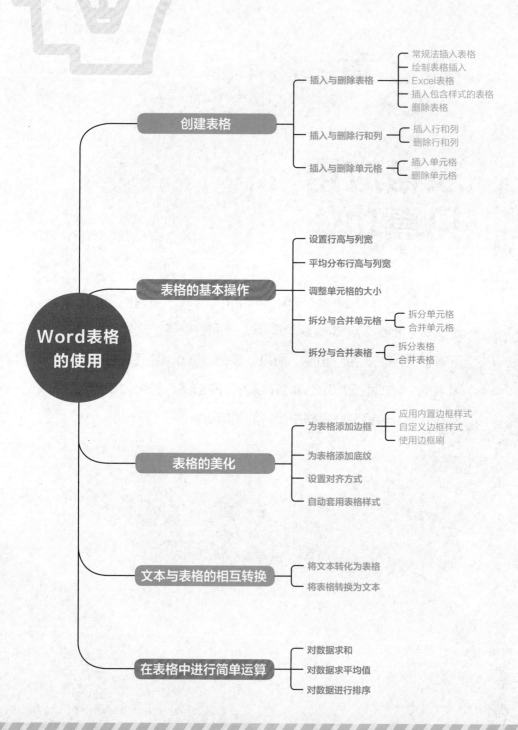

Ⓦ 思维导图

创建表格
- 插入与删除表格
  - 常规法插入表格
  - 绘制表格插入
  - Excel表格
  - 插入包含样式的表格
  - 删除表格
- 插入与删除行和列
  - 插入行和列
  - 删除行和列
- 插入与删除单元格
  - 插入单元格
  - 删除单元格

表格的基本操作
- 设置行高与列宽
- 平均分布行高与列宽
- 调整单元格的大小
- 拆分与合并单元格
  - 拆分单元格
  - 合并单元格
- 拆分与合并表格
  - 拆分表格
  - 合并表格

Word表格的使用

表格的美化
- 为表格添加边框
  - 应用内置边框样式
  - 自定义边框样式
  - 使用边框刷
- 为表格添加底纹
- 设置对齐方式
- 自动套用表格样式

文本与表格的相互转换
- 将文本转化为表格
- 将表格转换为文本

在表格中进行简单运算
- 对数据求和
- 对数据求平均值
- 对数据进行排序

Ⓦ 知识速记

3.1 在Word中创建表格

Word的表格功能也很强大，在文档中，用户可以随意创建几行和几列的表格，并对表格进行编辑。

■3.1.1 创建表格

创建表格的方法有很多种，用户在"插入"选项卡中单击"表格"下拉按钮，在列表中可以滑动鼠标选取8行10列以内的表格，如图3-1所示。

如果想要创建超过8行10列的表格，可以在列表中选择"插入表格"选项，在打开的"插入表格"对话框中设置行、列数，如图3-2所示。

图3-1

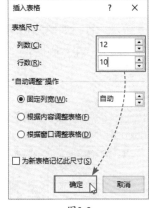
图3-2

此外，用户还可以自己绘制表格，只需在"表格"下拉列表中选择"绘制表格"选项，鼠标光标会变为铅笔形状，拖动鼠标进行绘制即可，如图3-3所示。

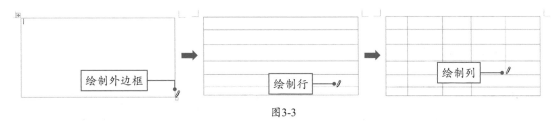
图3-3

知识拓展

创建表格后，如果想要删除表格，可以选中表格后在上方弹出的面板中单击"删除"下拉按钮，从列表中选择"删除表格"选项即可，如图3-4所示。

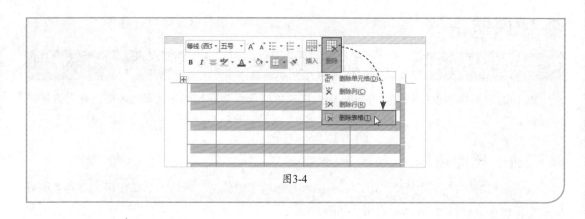

图3-4

■3.1.2 行和列的插入与删除

在编辑表格内容的过程中，经常会根据需要增加行或列。插入行或列可以使用功能区命令，即将光标插入到表格中，在"布局"选项卡的"行和列"选项组中单击"在下方插入"按钮即可在下方插入一行，如图3-5所示。同理，单击"在上方插入"按钮，可以在光标的上方插入一个空白行。单击"在左侧插入"和"在右侧插入"按钮，可以在相应的位置插入新的空白列。

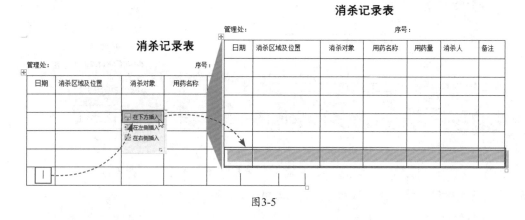

图3-5

此外，通过右键的快捷菜单也可以插入行或列，如图3-6所示。或者单击行左侧的加号按钮进行插入，如图3-7所示。

图3-6    图3-7

删除行或列，需要将光标插入到需要删除的行或列中，然后在"布局"选项卡中单击"删除"下拉按钮，从列表中根据需要进行选择即可，如图3-8所示。

图3-8

3.1.3 设置行高与列宽

为了使表格中的内容布局更加美观，可以对表格的行高和列宽进行调整。通过数值框调整行高，选中行，打开"布局"选项卡，在"单元格大小"选项组的"高度"数值框中设置合适的行高值，如图3-9所示。将光标移至行的分割线上，按住鼠标左键不放，拖动鼠标调整行高，如图3-10所示。调整列宽的方法和调整行高的方法相似。

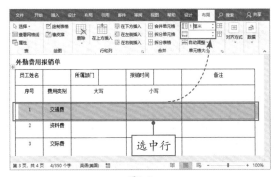

图3-9

图3-10

3.1.4 平均分布行高与列宽

如果用户希望多行或多列的间距是相同的，可以设置平均分布行高与列宽。首先选择表格中的多行后，在"布局"选项卡中单击"分布行"按钮，如图3-11所示，即可平均分布行高。

选择多列后，单击"分布列"按钮，可以平均分布列宽，如图3-12所示。

图3 11

图3-12

■3.1.5 拆分与合并单元格

插入表格后，如果需要对表格中的单一项进行分类说明，可以拆分单元格；如果需要对多个项进行合并说明，可以合并单元格。

将光标插入到需要拆分的单元格内，打开"布局"选项卡，在"合并"选项组中单击"拆分单元格"按钮，在"拆分单元格"对话框中进行设置即可，如图3-13所示。

图3-13

选中需要合并的单元格，在"布局"选项卡的"合并"选项组中单击"合并单元格"按钮即可，如图3-14所示。

图3-14

■3.1.6 拆分与合并表格

当表格中包含大量的数据时，为了方便查看，可以将表格拆分成多个；反之，可以将表格合并。拆分表格只需将光标定位至需拆分的位置，在"布局"选项卡的"合并"选项组中单击"拆分表格"按钮，即可在光标处将表格拆分成上下两个，如图3-15所示。

图3-15

合并表格，只需将光标定位至两个表格之间的空白处，按Delete键删除空格，即可将两个表格合并。

知识拓展

用户也可以将光标定位至需要拆分的位置，按组合键Ctrl+Shift+Enter快速拆分表格。

3.2　美化表格

表格制作好后，会以默认的样式呈现。如果用户想要表格看起来更美观，就需要对表格的边框、底纹、对齐方式等进行设置。

■3.2.1　设置表格边框

为了使表格边框按照自己的要求呈现出来，用户可以自己动手设置表格的边框样式。激活"表格工具-设计"选项卡，在"边框"选项组中设置边框的笔样式、笔划粗细和笔颜色。设置好后，光标变为笔刷形状，将边框样式应用到表格外侧边框上即可，如图3-16所示。

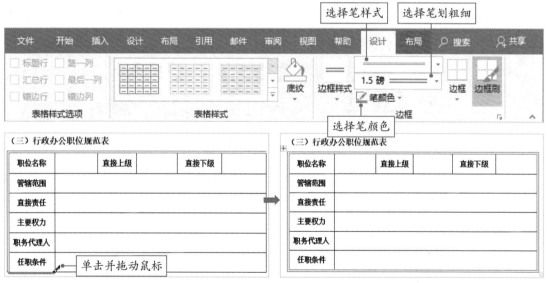

图3-16

知识拓展

在"边框"下拉列表中选择"边框和底纹"选项，在打开的"边框和底纹"对话框中可以对边框的样式、颜色、宽度等进行设置。

此外，用户还可以直接套用内置的边框样式，即选择表格后，打开"设计"选项卡，在"边框样式"下拉列表中选择一种合适的边框样式。单击"边框"下拉按钮，从列表中选择"内部框线"选项，即可将内置的边框样式快速应用到表格的内部框线上，如图3-17所示。

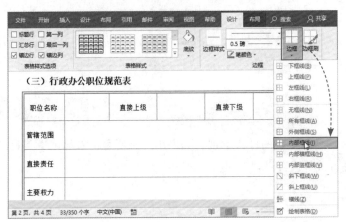

图3-17

■3.2.2 为表格添加底纹

对于表格中需要突出显示的内容，用户可以通过为单元格添加底纹来实现。首先要选择需要添加底纹的单元格，在"表格工具-设计"选项卡中单击"底纹"下拉按钮，从列表中选择合适的底纹颜色即可，如图3-18所示。

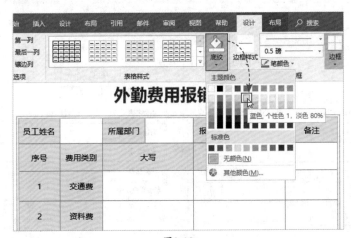

图3-18

■3.2.3 设置对齐方式

在表格中输入文本内容后，为了使表格整体看起来整洁、美观，可以为文本内容设置对齐方式。对于文本数据，通常将其设置为"水平居中"，如图3-19所示。用户可以根据需要在"表格工具-布局"选项卡的"对齐方式"选项组中进行选择即可。

图3-19

3.2.4　套用表格样式

创建表格后使用的是默认样式，用户除了自定义表格样式外，还可以直接套用表格样式。全选表格，在"表格工具-设计"选项卡的"表格样式"选项组中单击"其他"按钮，从展开的列表中选择合适的样式即可，如图3-20所示。

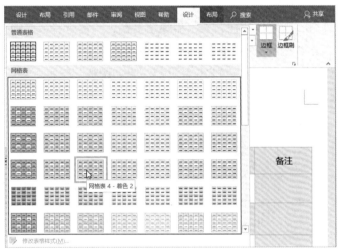

图3-20

3.3　表格与文本相互转换

在Word中可以实现将表格转换成文本或将文本转换成表格的操作，这样方便又快捷，可以节省大量的时间。

■3.3.1 表格转换为文本

如果需要将表格中的数据转换为文本，可以先全选表格，在“表格工具-布局”选项卡中单击“转换为文本”按钮，然后在打开的“表格转换成文本”对话框中对文字分隔符进行设置即可，如图3-21所示。

扫码观看视频

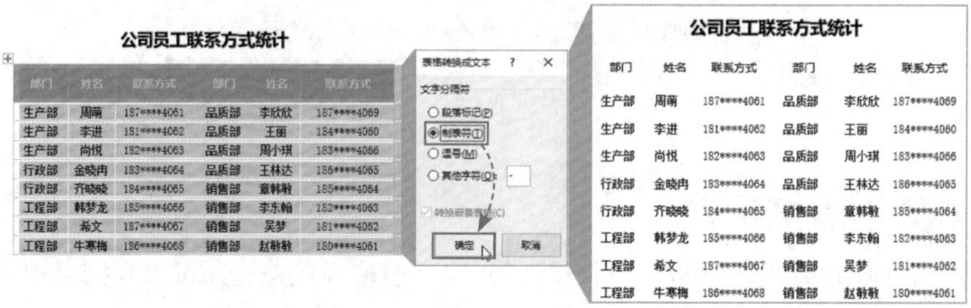

图3-21

■3.3.2 文本转换为表格

将文本转变为表格，则不需要插入表格后逐项复制，只需选择要转换为表格的文本，在“插入”选项卡中单击“表格”下拉按钮，从列表中选择“文本转换成表格”选项，弹出“将文字转换成表格”对话框，在此可以对表格尺寸、“自动调整”操作、文字分隔位置等进行设置，如图3-22所示。

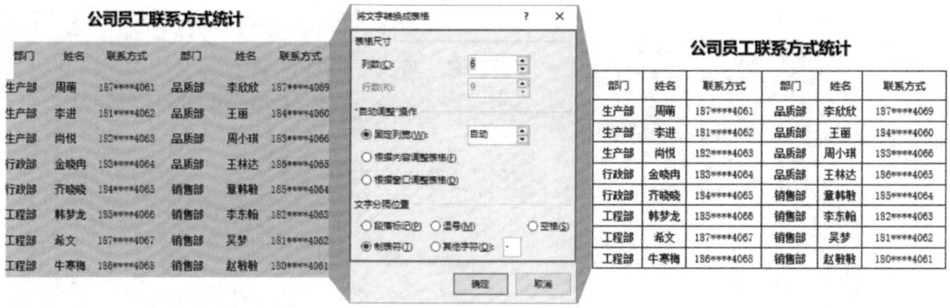

图3-22

3.4 在表格中执行简单运算

有时用户需要对表格中的一些数据进行简单计算，如求和、求平均值等，该如何操作呢？下面就来介绍具体的解决方法。

■3.4.1 对数据求和

如果需要对表格中的数据进行求和计算，只需要将光标插入到需要求和的单元格内，在“表格工具-布局”选项卡中单击“公式”按钮，打开“公式”对话框，从中设置公式和编号格式即可，如图3-23所示。

扫码观看视频

图3-23

■3.4.2　平均值的计算

求平均值的方法与求和的方法相似，在"公式"对话框中将求和函数SUM改为平均值函数AVERAGE即可，如图3-24所示。

图3-24

知识拓展

公式SUM(LEFT)的含义是对左侧数据进行求和计算；公式AVERAGE(ABOVE)的含义是对上方数据进行求平均值计算。

■3.4.3　对数据进行排序

在Word中不但可以对表格中的数据进行简单计算，还可以对数据进行排序。选择需要排序的数据，在"表格工具-布局"选项卡中单击"排序"按钮，在"排序"对话框中设置主要关键字、类型、排序方式，单击"确定"按钮即可，如图3-25所示。

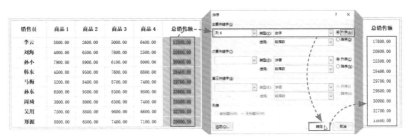

图3-25

综合实战

3.5 | 制作商品报价单

报价单主要用于供应商给客户报价，类似价格清单。制作报价单涉及表格的创建、美化、运算等操作。下面将向用户详细介绍制作流程。

扫码观看视频

■3.5.1 设计报价单的布局

在制作报价单之前，用户需要设计出一份合理的表格布局，这样才能让客户快速地读取到所需的信息内容。

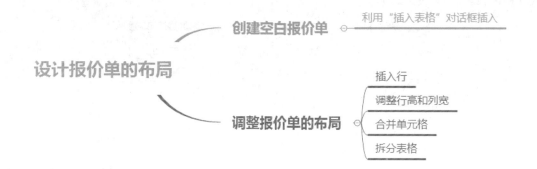

Step 01 **新建空白文档。**新建一个空白文档，并命名为"报价单"，如图3-26所示。

Step 02 **启动"插入表格"命令。**打开"插入"选项卡，在"表格"选项组中单击"表格"下拉按钮，从列表中选择"插入表格"选项，如图3-27所示。

图3-26

图3-27

Step 03 **插入表格。**打开"插入表格"对话框，在"行数"和"列数"数值框中输入需要创建的行列数，单击"确定"按钮，如图3-28所示。

Step 04 **查看效果。**返回文档页面，可以看到插入了12行7列的表格，如图3-29所示。

图3-28

图3-29

Step 05 **插入行。** 将光标插入表格内，然后切换至"表格工具-布局"选项卡，在"行和列"选项组中单击"在下方插入"按钮，即可在光标下方插入一行，如图3-30所示。

Step 06 **拆分表格。** 将光标定位至第8行内，在"布局"选项卡的"合并"选项组中单击"拆分表格"按钮，如图3-31所示。

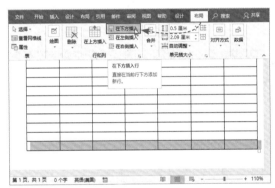

图3-30

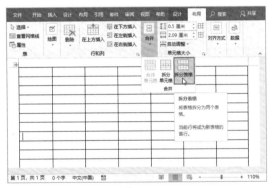

图3-31

Step 07 **查看效果。** 此时在光标处可以看到该表格已经被拆分，如图3-32所示。

Step 08 **选择行。** 将光标移至行的左侧，当光标变成向右上方倾斜的箭头时，单击鼠标，即可选中该行，如图3-33所示。

图3-32

图3-33

Step 09 **调整行高。**切换至"表格工具-布局"选项卡，在"单元格大小"选项组的"高度"数值框中设置合适的行高值，这里输入"0.8厘米"，如图3-34所示。

Step 10 **设置其他行高。**按照上述方法，设置表格中其他行的行高，如图3-35所示。

图3-34

图3-35

Step 11 **合并单元格。**选中需要合并的单元格，在"布局"选项卡的"合并"选项组中单击"合并单元格"按钮，如图3-36所示。

Step 12 **查看效果。**此时，可以看到选中的单元格进行了合并。按照上述方法，合并其他需要合并的单元格，如图3-37所示。

图3-36

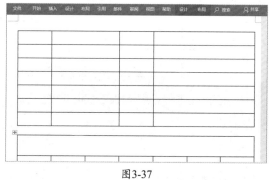

图3-37

知识拓展

用户也可以使用"橡皮擦"功能合并单元格，即在"布局"选项卡的"绘图"选项组中单击"橡皮擦"按钮，鼠标光标变为橡皮形状，接着按住鼠标左键不放，在需要合并的单元格上拖动鼠标，即可将单元格合并，如图3-38所示。

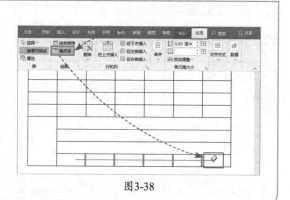

图3-38

Step 13 调整列宽。将光标移至列右侧的分割线上，此时光标变为双向箭头形状。按住鼠标左键不放，拖动鼠标，适当地调整列宽，如图3-39所示。

图3-39

■3.5.2 为报价单添加内容信息

设计好报价单的表格布局后，下面就可以根据需要在表格中添加相关的内容。必要时，用户可以利用公式对其数据信息进行简单的处理操作。

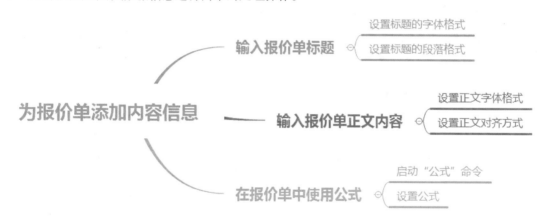

Step 01 输入正文内容。将光标插入到表格中，然后输入相应的内容，如图3-40所示。

Step 02 输入标题。将光标插入到第一行任意的单元格中，按组合键Ctrl+Shift+Enter在表格上方插入空行，然后输入标题，并设置标题的字体格式和段落格式，如图3-41所示。

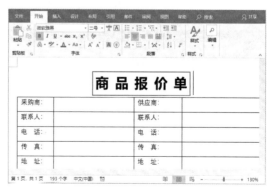

图3-40

图3-41

Step 03 **设置正文的字体格式。**选中表格中的文本，在"开始"选项卡中将字体设置为"微软雅黑"，字号设为"小四"，如图3-42所示。

Step 04 **设置其他文本的字体格式。**按照需要，设置表格中其他文本的字体格式，如图3-43所示。

图3-42

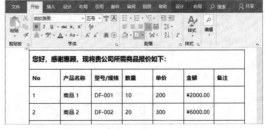

图3-43

Step 05 **设置对齐方式。**选中文本，在"布局"选项卡的"对齐方式"选项组中单击"中部两端对齐"按钮，设置文本的对齐方式，如图3-44所示。

Step 06 **查看效果。**按照上述方法，设置其他文本的对齐方式，如图3-45所示。

图3-44

图3-45

Step 07 **启动"公式"命令。**将光标插入到"总计"单元格内，在"布局"选项卡的"数据"选项组中单击"公式"按钮，如图3-46所示。

Step 08 **设置公式。**打开"公式"对话框，在"公式"文本框中显示默认的求和公式，单击"编号格式"下拉按钮，从列表中选择"0.00"选项，如图3-47所示。

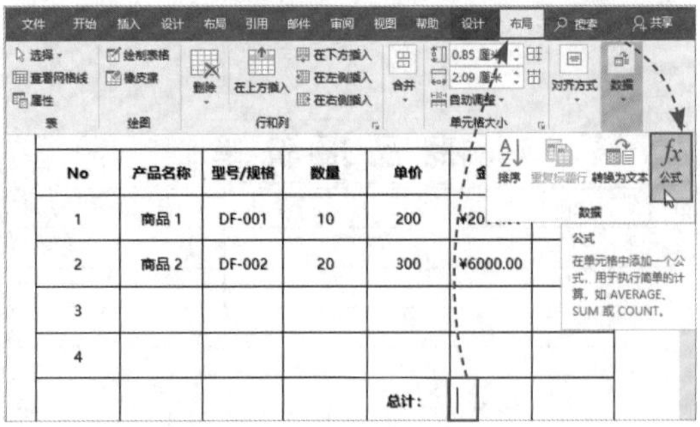

图3-46

图3-47

● **新手误区：**用户在对左侧数据进行求和或求平均值时，需要在"公式"对话框中将SUM括号中的ABOVE更改为LEFT，否则计算出来的数据会不准确。

Step 09 **查看结果。**单击"确定"按钮即可
计算出"总计"数值，如图3-48所示。

No	产品名称	型号/规格	数量	单价	金额	备注
1	商品1	DF-001	10	200	¥2000.00	
2	商品2	DF-002	20	300	¥6000.00	
3						
4						
				总计：	8000.00	

图3-48

■3.5.3　对报价单进行整体美化

对报价单进行美化是很必要的。一份报价单可以体现出该公司处理工作事务的态度和用心程度。可以这么说，制作一份赏心悦目的表单是对客户最起码的尊重。

扫码观看视频

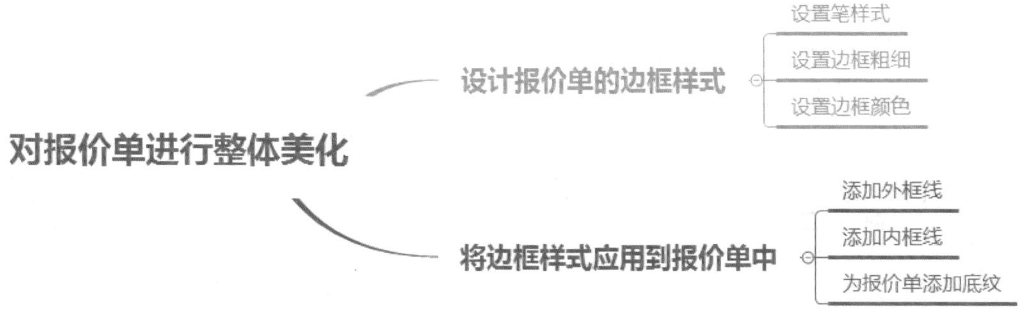

对报价单进行整体美化

设计报价单的边框样式 ┤ 设置笔样式 / 设置边框粗细 / 设置边框颜色

将边框样式应用到报价单中 ┤ 添加外框线 / 添加内框线 / 为报价单添加底纹

Step 01 **去除边框。**选中表格，打开"表格工具-设计"选项卡，在"边框"选项组中单击
"边框"下拉按钮，从列表中选择"无框线"选项，如图3-49所示。

Step 02 **设置笔样式。**再次选中表格，在"设计"选项卡的"边框"选项组中单击"笔样式"
下拉按钮，从列表中选择合适的边框样式，如图3-50所示。

图3-49

图3-50

Step 03 **设置边框的粗细**。在"边框"选项组中单击"笔划粗细"下拉按钮，从列表中选择"2.25磅"，如图3-51所示。

Step 04 **设置边框的颜色**。在"边框"选项组中单击"笔颜色"下拉按钮，从列表中选择"橙色"选项，如图3-52所示。

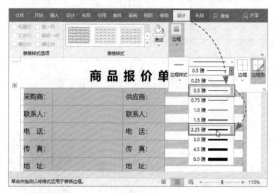

图3-51

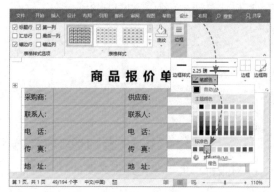

图3-52

Step 05 **添加外边框**。此时，鼠标光标变为笔样式，在需要应用样式的框线上单击并拖动鼠标即可应用边框样式，如图3-53所示。

Step 06 **添加内框线**。按照上述方法，重新设置边框样式，然后将其应用在内部框线上，如图3-54所示。

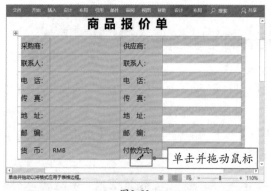

图3-53

图3-54

● **新手误区**：用户在设置好边框样式后，单击"边框"下拉按钮，从列表中根据需要进行选择，可以快速为表格添加边框样式。

Step 07 **查看效果**。设置完成后，单击"边框刷"按钮或按Esc键退出，即可查看效果，如图3-55所示。

Step 08 **添加底纹**。选中需要添加底纹的单元格，在"设计"选项卡中单击"底纹"下拉按钮，从列表中选择合适的底纹颜色，如图3-56所示。

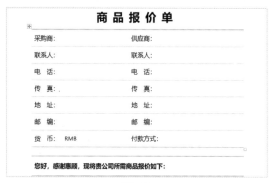

商品报价单
采购商:
供应商:
联系人:
联系人:
电 话:
电 话:
传 真:
传 真:
地 址:
地 址:
邮 编:
邮 编:
货 币: RMB
付款方式:
您好，感谢惠顾，现将贵公司所需商品报价如下:

图3-55

文件
开始
插入
设计
布局
引用
邮件
审阅
视图
帮助
设计
布局
搜索
共享
标题行
第一列
汇总行
最后一列
镶边行
镶边列
表格样式选项
表格样式
底纹
主题颜色
金色, 个性色 4, 淡色 80%
标准色
无颜色(N)
其他颜色(M)...
传 真:
地 址:
邮 编:
货 币: RMB
您好，感谢惠顾，现将贵公司所需商品报价如下:
110%

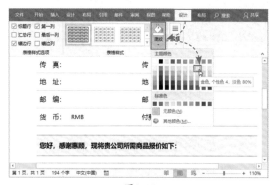

图3-56

Step 09 **查看效果。**按照上述方法，为其他单元格添加底纹，至此完成报价单的制作，如图3-57所示。

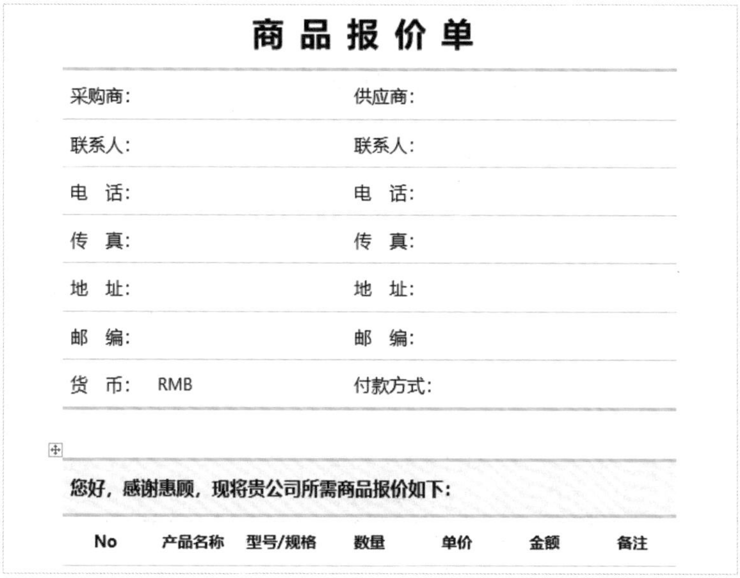

商品报价单
采购商:
供应商:
联系人:
联系人:
电 话:
电 话:
传 真:
传 真:
地 址:
地 址:
邮 编:
邮 编:
货 币: RMB
付款方式:
您好，感谢惠顾，现将贵公司所需商品报价如下:
No
产品名称
型号/规格
数量
单价
金额
备注

图3-57

通过前面的讲解，相信大家已经掌握了表格的插入和编辑操作，在此综合利用所学知识点制作一个"工作联络单"。

操作提示

（1）插入4行4列的表格，并在表格中输入相关的文本内容。

（2）设置文本的字体格式和对齐方式，然后合并需要合并的单元格。

（3）根据需要调整表格的行高和列宽。

（4）设置表格的边框样式，将其应用在表格的外侧框线和内部框线上。

（5）在表格上方输入标题"工作联络单"，并设置标题的字体格式。

效果参考

工作联络单

发单部门/人员		发单日期：	
需要协助部门/人员		签收日期：	
部门负责人签字（发单部门）		部门负责人签字（收单部门）	

说明：为了便于公司各部门之间的及时沟通、配合、协调解决实际发生的问题，避免因时间拖延而影响工作效率，请各部门以书函的形式填写此表进行正常工作联系，并作备查。

最终效果

💡 **Tips**

在制作过程中，如有疑问，可以与我们进行交流（QQ群号：728245398）。

第 4 章

批量制作
公司邀请函

通过前面的讲解，相信大家对Word的相关知识有了一定的了解，本章将综合利用所学知识点，制作一个公司邀请函，其中，涉及的知识点包括图片的应用、图形的应用、文本的编辑、文档页面的设置、邮件合并等。

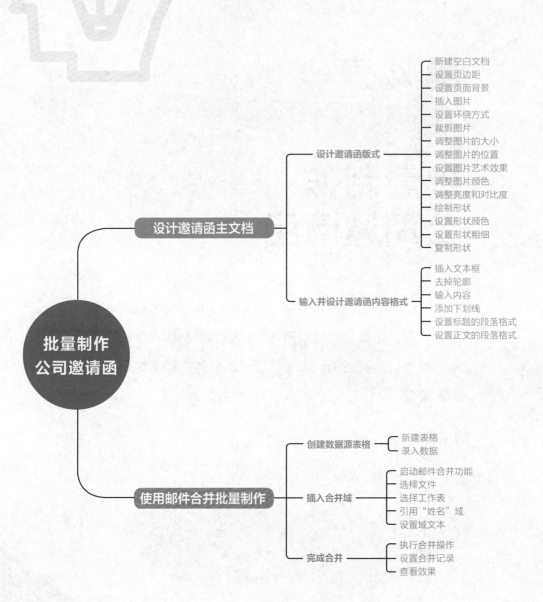

思维导图

批量制作
公司邀请函

设计邀请函主文档
├── 设计邀请函版式
│   ├── 新建空白文档
│   ├── 设置页边距
│   ├── 设置页面背景
│   ├── 插入图片
│   ├── 设置环绕方式
│   ├── 裁剪图片
│   ├── 调整图片的大小
│   ├── 调整图片的位置
│   ├── 设置图片艺术效果
│   ├── 调整图片颜色
│   ├── 调整亮度和对比度
│   ├── 绘制形状
│   ├── 设置形状颜色
│   ├── 设置形状粗细
│   └── 复制形状
└── 输入并设计邀请函内容格式
    ├── 插入文本框
    ├── 去掉轮廓
    ├── 输入内容
    ├── 添加下划线
    ├── 设置标题的段落格式
    └── 设置正文的段落格式

使用邮件合并批量制作
├── 创建数据源表格
│   ├── 新建表格
│   └── 录入数据
├── 插入合并域
│   ├── 启动邮件合并功能
│   ├── 选择文件
│   ├── 选择工作表
│   ├── 引用"姓名"域
│   └── 设置域文本
└── 完成合并
    ├── 执行合并操作
    ├── 设置合并记录
    └── 查看效果

Ⓦ 综合实战

4.1　设计邀请函主文档

　　邀请函的页面主要由图片和文字构成，所以，设计邀请函时要注意版式的美观和内容格式的协调、舒适。

■ 4.1.1　设计邀请函版式

　　在设计邀请函的版式时，运用到的知识点有图形和图片的设置与美化、页面背景的设置等，下面将介绍具体的设计方法。

扫码观看视频

1. 设置邀请函的背景

Step 01 **启动右键菜单**。打开文件夹，单击鼠标右键，从弹出的快捷菜单中选择"新建"选项，并从其级联列表中选择"Microsoft Word文档"命令，如图4-1所示。

Step 02 **新建空白文档**。新建文档后，输入文档名称"公司邀请函"，双击文档图标，打开该文档，如图4-2所示。

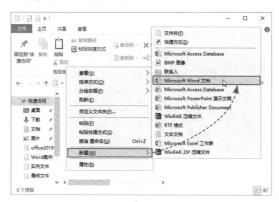
图4-1

图4-2

Step 03 **启动"页面设置"命令**。切换至"布局"选项卡，单击"页面设置"选项组的对话框启动器按钮，如图4-3所示。

Step 04 **设置页边距**。打开"页面设置"对话框，在"页边距"选项卡中设置上、下、左、右的页边距均为"1厘米"，如图4-4所示，单击"确定"按钮。

图4-3

图4-4

Step 05 **设置页面背景。**打开"设计"选项卡,在"页面背景"选项组中单击"页面颜色"下拉按钮,从列表中选择"填充效果"选项,如图4-5所示。

Step 06 **设置图片填充。**打开"填充效果"对话框,切换至"图片"选项卡,单击"选择图片"按钮,如图4-6所示。

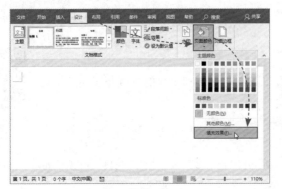

图4-5

图4-6

Step 07 **选择图片。**弹出"插入图片"面板,单击"从文件"右侧的"浏览"按钮,如图4-7所示。打开"选择图片"对话框,从中选择需要的图片,单击"插入"按钮,如图4-8所示。

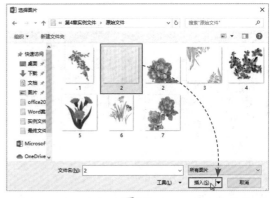

图4-7

图4-8

Step 08 **查看效果。**返回"填充效果"对话框,单击"确定"按钮即可为文档填充图片背景,如图4-9所示。

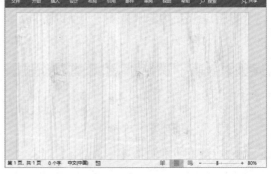

图4-9

2．为邀请函添加装饰图片

为邀请函设置背景后，接下来可以为邀请函添加相关的装饰图片，从而丰富版式内容。

Step 01 启动"图片"命令。打开"插入"选项卡，在"插图"选项组中单击"图片"按钮，如图4-10所示。

Step 02 插入图片。打开"插入图片"对话框，从中选择需要的图片，单击"插入"按钮，如图4-11所示。

图4-10 图4-11

Step 03 设置环绕方式。选择插入的图片，打开"图片工具-格式"选项卡，在"排列"选项组中单击"环绕文字"下拉按钮，从列表中选择"浮于文字上方"选项，如图4-12所示。

Step 04 裁剪图片。保持图片为选中状态，在"格式"选项卡中单击"裁剪"按钮，进入裁剪状态，然后将鼠标光标放在裁剪点上，拖动鼠标对图片进行裁剪，如图4-13所示。裁剪完成后，按Esc键退出即可。

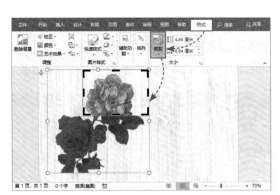

图4-12 图4-13

Step 05 调整图片的大小。将光标移至图片右下角的控制点上，按住鼠标左键不放，拖动鼠标，调整图片的大小，如图4-14所示。

Step 06 调整图片的位置。将光标移至图片上方，按住鼠标左键不放，拖动鼠标，将其移至页面的合适位置，并适当地调整图片的方向，如图4-15所示。

图4-14

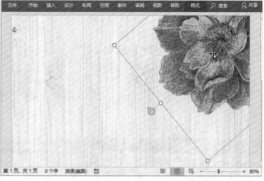

图4-15

Step 07 **插入其他图片。** 按照上述方法，插入其他图片，并调整图片的大小，将其移至页面的合适位置，如图4-16所示。

Step 08 **设置图片艺术效果。** 选中图片，在"格式"选项卡的"调整"选项组中单击"艺术效果"下拉按钮，从列表中选择"胶片颗粒"效果，如图4-17所示。

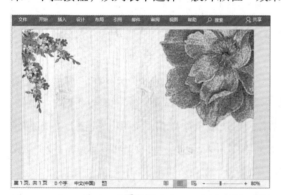

图4-16

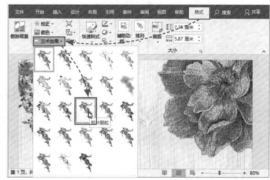

图4-17

Step 09 **调整图片颜色。** 选择页面下方的图片，在"调整"选项组中单击"颜色"下拉按钮，如图4-18所示。从列表中选择"色温：4700K"选项，如图4-19所示。

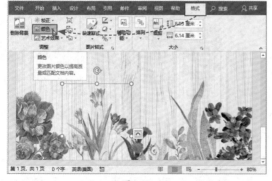

图4-18

图4-19

知识拓展

　　调整图片方向的方法是：将鼠标光标移至图片上方的旋转柄上，然后按住鼠标左键不放，拖动鼠标旋转方向即可。

Step 10 **调整亮度和对比度**。选择图片，在"格式"选项卡中单击"校正"下拉按钮，从列表中选择"亮度：+20% 对比度：-20%"选项，如图4-20所示。

Step 11 **查看效果**。设置好图片后，查看效果，如图4-21所示。

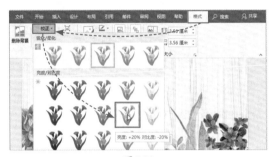

图4-20

图4-21

3. 为邀请函添加装饰形状

扫码观看视频

　　添加装饰图片后，接下来再为邀请函添加装饰形状，并对形状进行设置。

Step 01 **选择形状**。打开"插入"选项卡，在"插图"选项组中单击"形状"下拉按钮，从列表中选择"直线"选项，如图4-22所示。

Step 02 **绘制形状**。此时，光标变为十字形状，按住Shift键不放的同时拖动鼠标，在页面的合适位置绘制一条直线，如图4-23所示。

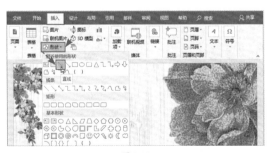

图4-22

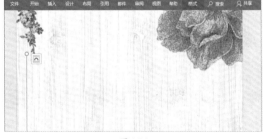

图4-23

知识拓展

　　如果用户想要快速更改文档中的图片，可以选中需要更改的图片，在"图片工具-格式"选项卡中单击"更改图片"下拉按钮，从列表中选择"来自文件"选项，然后在打开的对话框中选择需要的图片，即可快速更改图片。

Step 03 **设置形状颜色。**选中直线，打开"绘图工具-格式"选项卡，在"形状样式"选项组中单击"形状轮廓"下拉按钮，从列表中选择合适的轮廓颜色，如图4-24所示。

Step 04 **设置形状粗细。**在"形状样式"选项组中再次单击"形状轮廓"下拉按钮，从列表中选择"粗细"选项，并从其级联列表中选择"3磅"，如图4-25所示。

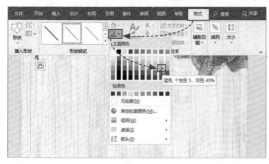

图4-24   图4-25

Step 05 **复制形状。**选中形状，按住Ctrl键的同时拖动鼠标，松开鼠标后即可复制一个形状，如图4-26所示。

Step 06 **查看效果。**按照上述方法，复制多个形状，并调整形状的长度，移至页面的合适位置，如图4-27所示。

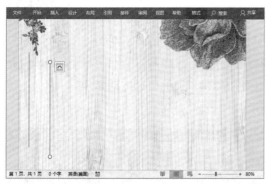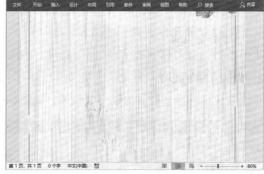

图4-26   图4-27

■ 4.1.2　输入并设计邀请函内容格式

设计好邀请函的版式后，接下来就可以输入相关内容了。在操作中运用到的命令有：文本框的应用、字体格式和段落格式的设置及应用等。

Step 01 **插入文本框。**打开"插入"选项卡，在"文本"选项组中单击"文本框"下拉按钮，从列表中选择"绘制横排文本框"选项，在页面的合适位置绘制一个横排文本框，如图4-28所示。

Step 02 **去除轮廓。**选中绘制的文本框，在"格式"选项卡的"形状样式"选项组中单击"形状轮廓"下拉按钮，从列表中选择"无轮廓"选项，如图4-29所示。

图4-28

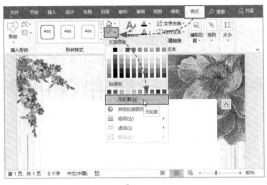

图4-29

Step 03 **输入内容。** 将光标插入到文本框内，输入相关内容即可，如图4-30所示。

Step 04 **设置标题的字体格式。** 选中文本"邀请函"，在"开始"选项卡的"字体"选项组中将字体设置为"楷体"，字号设为"小初"，加粗显示，并设置适当的字体颜色与字符间距，如图4-31所示。

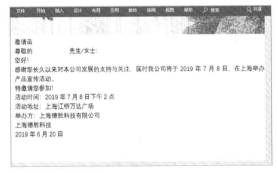

图4-30

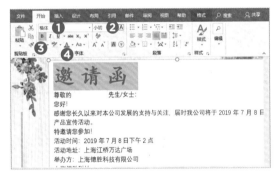

图4-31

Step 05 **设置正文的字体格式。** 选中正文文本，在"字体"选项组中将字体设置为"宋体"，字号设为"四号"，设置字体颜色，并对一些文本进行加粗显示，如图4-32所示。

Step 06 **选择下划线。** 将光标定位至"尊敬的"文本后，在"开始"选项卡的"字体"选项组中单击"下划线"下拉按钮，从列表中选择合适的下划线类型，如图4-33所示。

图4-32

图4-33

Step 07 **添加下划线。** 按Backspace键即可在文本后面添加下划线，如图4-34所示。

Step 08 **设置标题的段落格式。** 选中标题，在"开始"选项卡的"段落"选项组中将其设置为"居中"显示，然后将"段前"和"段后"设置为"3行"，如图4-35所示。

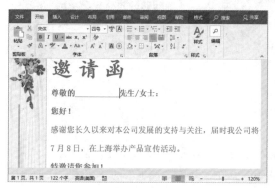

图4-34

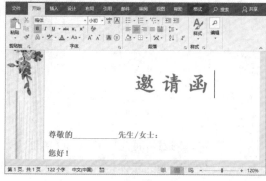

图4-35

Step 09 **设置正文的段落格式。** 将正文设置为"1.5倍行距"，并适当调整"段前"和"段后"间距，设置首行缩进等，如图4-36所示。

Step 10 **设置图片的排列方式。** 选中页面底部的图片，右击，从弹出的快捷菜单中选择"置于顶层"命令，如图4-37所示，将图片覆盖在文本框上方。

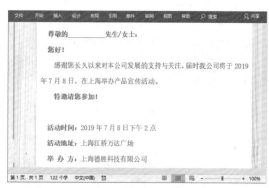

图4-36

图4-37

4.2 使用邮件合并批量制作

制作好邀请函后，需要在其中输入被邀请人的姓名，这时需要使用"邮件合并"功能批量生成邀请函。

■4.2.1 创建数据源表格

在进行邮件合并之前，首先需要创建一个表格，并在Excel表格中输入被邀请人的名单，具体操作方法如下。

Step 01 **新建表格**。通过右键菜单命令新建一个Excel表格，并命名为"名单"，双击打开该表格，如图4-38所示。

Step 02 **录入数据**。选中A1单元格，输入数据内容即可，如图4-39所示。

图4-38　　　　　　　　　　　　　　　图4-39

■4.2.2　插入合并域

制作好数据源后，接下来让Word与Excel中的数据源进行合并，使得Word可以引用Excel中的相关信息。

扫码观看视频

Step 01 **启动邮件合并功能**。将光标插入到"尊敬的"文本后，打开"邮件"选项卡，在"开始邮件合并"选项组中单击"选择收件人"下拉按钮，从列表中选择"使用现有列表"选项，如图4-40所示。

Step 02 **选择文件**。打开"选取数据源"对话框，然后从中找到Excel文件，选择后单击"打开"按钮，如图4-41所示。

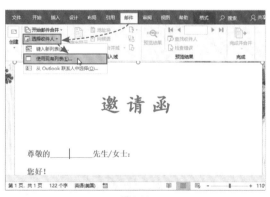
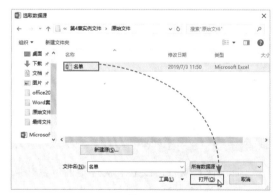

图4-40　　　　　　　　　　　　　　　图4-41

Step 03 **选择工作表**。弹出"选择表格"对话框，根据数据存放的位置选择工作表，这里选择"名单"选项，然后单击"确定"按钮，如图4-42所示，即可完成Word和Excel数据源的合并。

Step 04 **引用"姓名"域**。在"编写和插入域"选项组中单击"插入合并域"下拉按钮，从列表中选择"姓名"选项，如图4-43所示。

图4-42

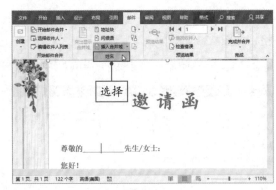

图4-43

Step 05 **设置域文本。**此时光标所在位置显示被引用的"《姓名》"文本，选中文本，在"开始"选项卡中将字体设置为"宋体"，字号设置为"四号"，如图4-44所示。

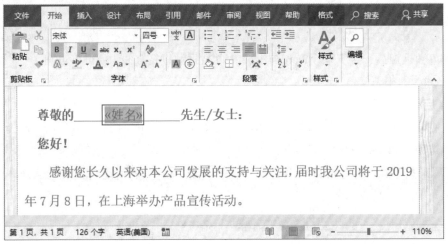

图4-44

● **新手误区：**创建数据源表格时，可以用Excel或Word来创建。用户在使用Word创建数据时，其表格必须位于文档顶部，即表格上方不能含有任何内容。

■ 4.2.3 完成合并

插入合并域后，接下来就开始进行合并操作批量生成邀请函了，具体操作方法如下。

Step 01 **执行合并操作。**在"完成"选项组中单击"完成并合并"下拉按钮，从列表中选择"编辑单个文档"选项，如图4-45所示。

Step 02 **设置合并记录。**弹出"合并到新文档"对话框，在"合并记录"区域中选中"全部"单选按钮，然后单击"确定"按钮，如图4-46所示。

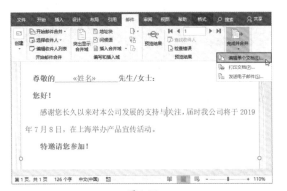

图4-45

图4-46

Step 03 **查看效果。**此时，在弹出的文档中可以看到批量生成的邀请函，如图4-47所示。

图4-47

知识拓展

"窗体1"文档中批量生成的邀请函不会显示设置的页面背景，在"设计"选项卡中单击"页面颜色"下拉按钮，从列表中选择"填充效果"选项，重新设计一下页面背景即可。

通过前面的学习，相信大家已经掌握了Word的相关知识。下面利用所学的表格知识来制作一份个人简历。

操作提示

（1）插入表格，然后根据需要插入行或列。

（2）调整表格的行高或列宽，并合并需要合并的单元格。

（3）在表格中输入相关的文本内容，然后设置文本的字体格式和对齐方式。

（4）设置表格的边框样式，并应用到表格的外边框和内边框上。

（5）为表格添加底纹，然后在表格中插入图片。

效果参考

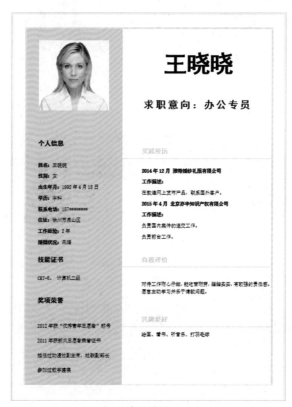

最终效果

 Tips

在制作过程中，如有疑问，可以与我们进行交流（QQ群号：728245398）。

第 5 章

Excel 表格
轻松上手

Excel在日常办公中使用得较为频繁，它最基础的操作就
是录入数据信息。但如果信息录入得不规范，就会影响后续
操作。本章内容将介绍Excel的基本操作、数据的输入和报表
的美化。

E 思维导图

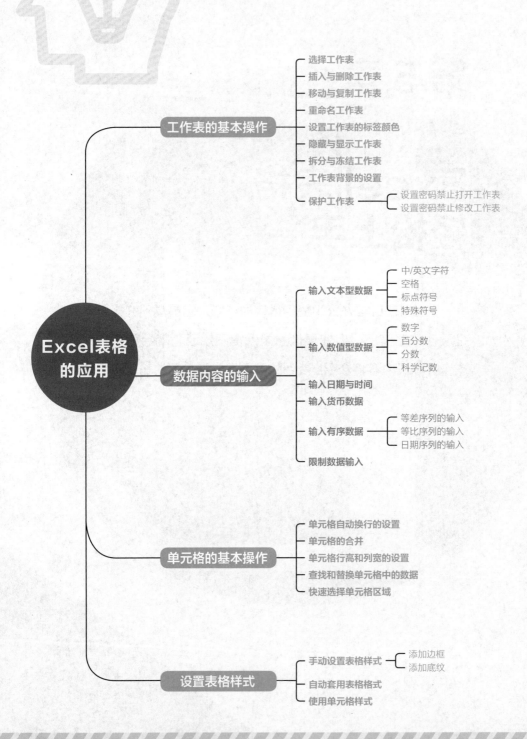

Excel表格的应用

工作表的基本操作
- 选择工作表
- 插入与删除工作表
- 移动与复制工作表
- 重命名工作表
- 设置工作表的标签颜色
- 隐藏与显示工作表
- 拆分与冻结工作表
- 工作表背景的设置
- 保护工作表
  - 设置密码禁止打开工作表
  - 设置密码禁止修改工作表

数据内容的输入
- 输入文本型数据
  - 中/英文字符
  - 空格
  - 标点符号
  - 特殊符号
- 输入数值型数据
  - 数字
  - 百分数
  - 分数
  - 科学记数
- 输入日期与时间
- 输入货币数据
- 输入有序数据
  - 等差序列的输入
  - 等比序列的输入
  - 日期序列的输入
- 限制数据输入

单元格的基本操作
- 单元格自动换行的设置
- 单元格的合并
- 单元格行高和列宽的设置
- 查找和替换单元格中的数据
- 快速选择单元格区域

设置表格样式
- 手动设置表格样式
  - 添加边框
  - 添加底纹
- 自动套用表格格式
- 使用单元格样式

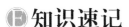 知识速记

5.1　工作表的基本操作

工作表是管理和编辑数据的重要场所，工作表是工作簿的必要组成部分，在工作簿中可以对工作表进行插入与删除、移动与复制、修改工作表名称等基本操作。

■5.1.1　工作表的插入与删除

默认情况下，Excel 2019的工作簿中只有一个工作表，用户可以通过多种方法插入新的工作表。

方法一：单击"新工作表"按钮插入新的工作表；方法二：通过右键菜单命令插入新的工作表；方法三：通过功能区插入新的工作表，如图5-1所示。

图5-1

删除工作表的方法非常简单，选中要删除的工作表，右击，从弹出的快捷菜单中选择"删除"命令即可，如图5-2所示。

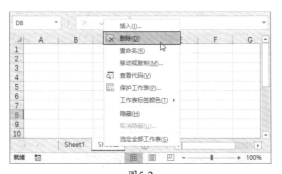

图5-2

> **知识拓展**
>
> 用户还可以在"开始"选项卡的"单元格"选项组中单击"删除"下拉按钮，从列表中选择"删除工作表"选项，删除选中的工作表。

■5.1.2 移动与复制工作表

用户可以根据需要在同一工作簿中移动或复制工作表。选择要移动的工作表标签，然后按住鼠标左键不放，进行拖动，光标显示出黑色倒三角形，用来表示将工作表移到的位置，当黑色倒三角形移至合适的位置后，松开鼠标即可移动工作表，如图5-3所示。

复制工作表需要选中工作表标签，按住Ctrl键的同时，按住鼠标左键进行拖动，拖拽至合适的位置时松开鼠标即可。

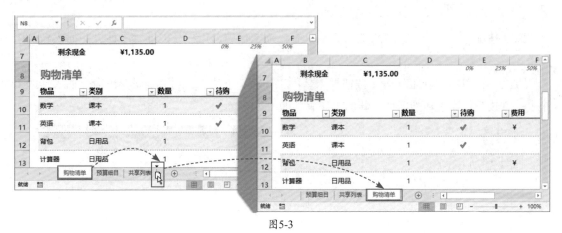

图5-3

如果用户想要将工作表移动或复制到其他工作簿中，可以选中工作表标签，右击，从弹出的快捷菜单中选择"移动或复制"命令，在打开的"移动或复制工作表"对话框中单击"工作簿"下拉按钮，从列表中选择要移动或复制到的工作簿名称，在下方若勾选"建立副本"复选框，则复制工作表；不勾选"建立副本"复选框，则移动工作表，如图5-4所示。

将工作表移动或复制到其他工作簿时，工作表中的内容保持不变，但一些字体颜色、图表颜色、表格颜色等可能会发生变化，这是由于工作簿使用了不同的主题。

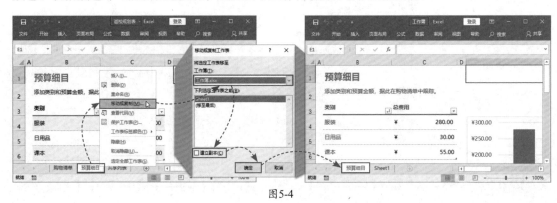

图5-4

● **新手误区：**将工作表移动或复制到其他工作簿时，需要移动或复制到的工作簿必须呈打开状态，否则无法在"移动或复制工作表"下拉列表中找到所需的工作簿。

5.1.3　修改工作表名称

为了方便区分工作表中的内容，用户可以对系统默认的工作表名称进行重命名。右击工作表标签，从快捷菜单中选择"重命名"命令，在工作表标签中输入新名称后按Enter键确认即可，如图5-5所示。

此外，双击需要重命名的工作表标签，也可以修改工作表的名称。

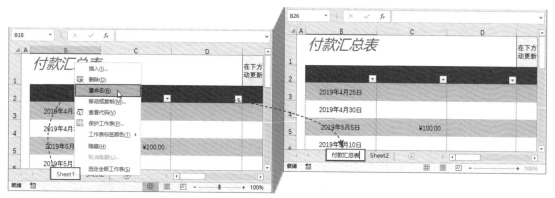

图5-5

5.1.4　设置工作表标签颜色

当一个工作簿中有多个工作表时，为了方便对工作表进行快速浏览，用户可以将工作表的标签设置成不同的颜色。右击工作表标签，从快捷菜单中选择"工作表标签颜色"选项，从展开的列表中选择合适的颜色即可，如图5-6所示。

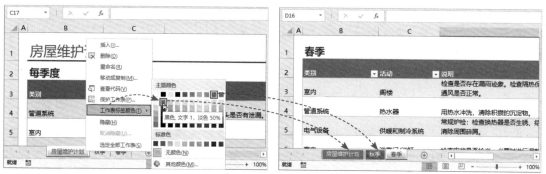

图5-6

5.1.5　隐藏与显示工作表

如果用户不想让他人浏览某个工作表，可以将这个工作表隐藏。右击需要隐藏的工作表标签，从快捷菜单中选择"隐藏"命令，即可将该工作表隐藏，如图5-7所示。

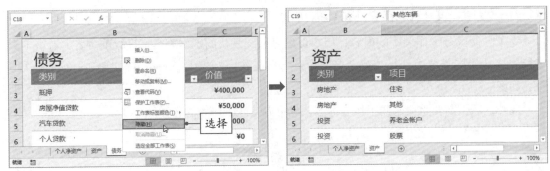

图5-7

在右键的快捷菜单中选择"取消隐藏"命令，然后在打开的"取消隐藏"对话框中选择隐藏的工作表，可以将隐藏的工作表重新显示出来，如图5-8所示。

图5-8

知识拓展

在"开始"选项卡的"单元格"选项组中单击"格式"下拉按钮，从列表中可以设置隐藏或取消隐藏工作表。

■5.1.6 拆分与冻结工作表

扫码观看视频

在大型报表中，查看下方内容时往往无法显示标题。这样会造成阅读不便，使用Excel的"拆分"与"冻结窗格"功能，可以解决这个问题。

拆分工作表就是将现有窗口拆分为多个大小可调的工作表。首先选中报表中的任意单元格，在"视图"选项卡中单击"拆分"按钮，即可将当前表格区域沿着所选单元格左边框和上边框的方向拆分为4个窗格，如图5-9所示。若想要取消窗口拆分，则需要再次单击"拆分"按钮。

冻结工作表可以冻结工作表的某一部分，使其在滚动浏览工作表时始终保持冻结部分可见。选中报表中的任意单元格，在"视图"选项卡中单击"冻结窗格"下拉按钮，选择"冻结窗格"选项即可将所选单元格上方和左侧的区域冻结。若在下拉列表中选择"冻结首行"或

"冻结首列"选项,则会冻结当前工作表的第1行或第A列,如图5-10所示。

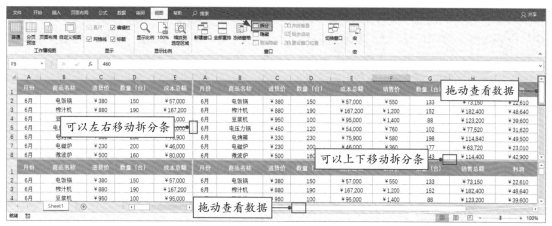

图5-9

图5-10

如果想要取消冻结窗格,则再次单击"冻结窗格"下拉按钮,从列表中选择"取消冻结窗格"选项。

知识拓展

如果用户想要同时冻结首行和首列,可以将光标定位至B2单元格,然后在"视图"选项卡中单击"拆分"按钮,如图5-11所示。

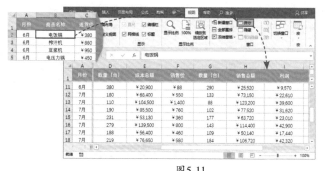

图5-11

■5.1.7 工作表的保护

一些财务报表、销售报表、采购报表等会涉及一些保密信息，为了防止信息泄露，需要为这些报表加密。首先打开"文件"菜单，选择"信息"选项，在"信息"面板中单击"保护工作簿"下拉按钮，从列表中选择"用密码进行加密"选项，然后在弹出的"加密文档"对话框中设置密码，最后确认密码即可。加密后只有输入正确的密码才能打开该报表，如图5-12所示。

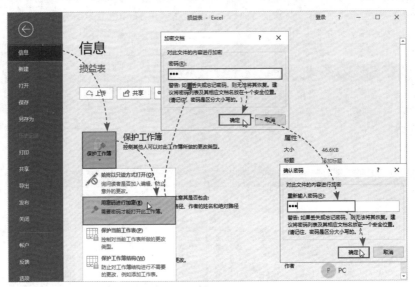

图5-12

若用户希望他人拥有查看报表的权限，但不能修改报表，则需要为工作表加密。首先在"审阅"选项卡中单击"保护工作表"按钮，在"保护工作表"对话框中取消勾选所有的复选框，设置好密码，再次确认密码，即可完成工作表的加密操作，如图5-13所示。此时报表中的数据只能被查看，不能进行任何操作。当试图编辑该数据表时会弹出提示信息，提示只有输入密码后才可以进行修改。

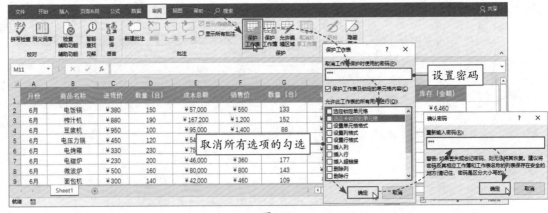

图5-13

若想取消工作表的保护，直接单击"撤消工作表保护"按钮，在弹出的"撤消工作表保护"对话框中输入设置的密码即可，如图5-14所示。

图5-14

5.2 数据的输入

创建工作表的目的是存储数据，没有数据的工作表将毫无意义。在工作表中可以输入各种类型的数据，如文本、数字、日期与时间、货币等。

■5.2.1 输入文本

文本型数据包括中文或英文字符、空格、标点符号、特殊符号等。只要单元格中输入的数据包含至少一个文本型字符，那么整个单元格中的数据就会被视为文本型数据。此外，在文本单元格中输入的数字也被视为文本型数据，而且单元格左上角通常会出现一个绿色的小三角，如图5-15所示。

行政部	Word	""	1年级	007
财务部	Excel	®	2年级	1.2
销售部	PPT	@	3年级	18974566321236512

图5-15

■5.2.2 输入数值

最常见的数值型数据是数字，除此之外还包括百分数、会计专用、分数、科学记数等形式的数据，如图5-16所示。

负数	-250	整数	100
分数	1/5	小数	2.5
百分比	20%	科学记数	1.23E+09

图5-16

> **知识拓展**
>
> 想要输入真分数（不含整数部分且分子小于分母的分数），需要在单元格中先输入0，然后按空格键，再输入1/5，按Enter键即可在单元格中完成输入。

■5.2.3 输入日期与时间

Excel的标准日期格式分为长日期和短日期两种类型。长日期以"2019年7月18日"的形式显示，短日期以"2019/7/18"的形式显示，如图5-17所示。

当在单元格中输入"2019-7-18"这种日期形式时，按下Enter键后会自动以"2019/7/18"的形式显示。

在单元格中输入"7月18日"这种省略年份的日期时，在编辑栏中会显示完整的日期年份，如图5-18所示。

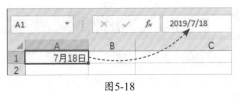

图5-17   图5-18

此外，用户还可以使用组合键Ctrl+；（分号）快速输入当前日期，使用组合键Ctrl+Shift+；（分号）快速输入当前时间。

■5.2.4 输入金额

金额数据是指前面带货币符号的数值。输入数值后，打开"设置单元格格式"对话框，在"分类"列表框中选择"货币"或"会计专用"选项，可以输入带货币符号的数值，如图5-19所示。

或者在"开始"选项卡的"数字"选项组中单击"数字格式"下拉按钮，从列表中选择"货币"和"会计专用"选项，如图5-20所示。

此外，打开搜狗的"符号大全"，在"数学/单位"选项中选择人民币符号，如图5-21所示。

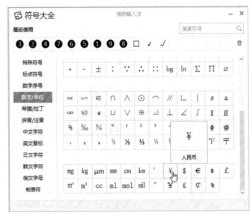

图5-19   图5-20   图5-21

用户也可以直接使用搜狗输入法进行输入，如输入拼音"人民币"后，选择第5个选项即可输入人民币符号，如图5-22所示。

图5-22

■5.2.5 输入有序数据

在报表中有时需要输入像序号"1、2、3、4……"和像日期"2018/7/1、2018/7/2、2018/7/3……"这样的有序数据，用户可以使用填充柄来输入，如图5-23所示。但这种方法适合数据不多的情况。

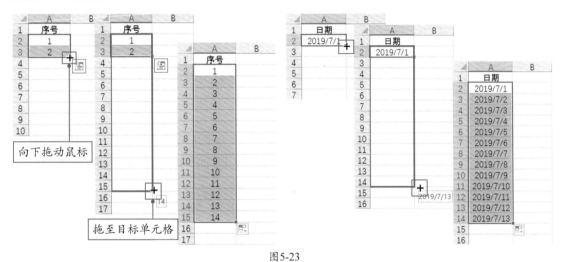

图5-23

● **新手误区：**当用户在单元格中只输入数字"1"后使用鼠标向下拖动填充柄时，不会生成有序数据，只会进行复制操作。在向下拖动的同时按住Ctrl键，才能实现有序填充。

当要填充的数据较多且对生成的序列有明确的数量、间隔要求时，使用"填充"命令下的"序列"对话框来操作则更为方便、快捷。在"开始"选项卡的"编辑"选项组中单击"填充"下拉按钮，从列表中选择"序列"选项，在打开的"序列"对话框中可以设置序列的类型、步长值、终止值等，如图5-24所示。

图5-24

知识拓展

　　如果单元格设置了格式，在对"产品编号"进行填充时，单元格的格式会一起被填充。为了避免这种情况，需要在填充完成之后单击"自动填充选项"按钮，从列表中选择"不带格式填充"单选按钮，如图5-25所示。

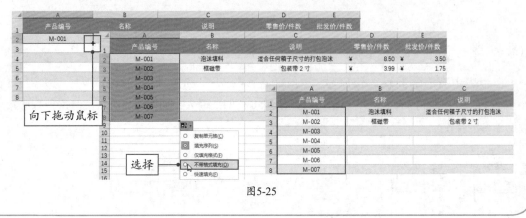

图5-25

■5.2.6　限制数据输入

　　在报表中输入数据时，有时会因为疏忽，输入不符合要求的数据，这时可以使用"数据验证"功能对某些数据的输入进行限制，以达到降低出错率的目的。例如，手机号码通常是11位，为了防止多输或少输数字，可以限制数据的输入长度。

　　在"数据"选项卡中单击"数据验证"按钮，在打开的"数据验证"对话框中设置允许输入的文本长度即可，如图5-26所示。当输入的手机号码不是11位时，就会弹出提示对话框，提醒用户输入不正确。

图5-26

　　此外，用户还可以使用"数据验证"功能创建下拉菜单。只需在"数据验证"对话框中设置验证条件为"序列",然后设置好序列来源,如在"来源"文本框中输入"本科,硕士,博士",每个内容之间用英文逗号隔开,最后确认即可,如图5-27所示。

图5-27

完成上述操作后,选中单元格,在单元格右侧会出现一个下拉按钮,单击该按钮,从下拉列表中选择要输入到单元格中的内容即可,如图5-28所示。

图5-28

> **知识拓展**
>
> 如果要清除数据验证,只需选择设置了数据验证的区域,在打开的"数据验证"对话框中单击"全部清除"按钮即可。

5.3　报表的美化

在工作表中输入数据后,为了报表的整体美观,用户可以对其进行美化,包括手动设置表格样式、自动套用表格格式等。

5.3.1　手动设置表格样式

用户可以根据自己的审美或喜好手动设置表格的样式,如合并单元格、添加边框、为单元格添加填充颜色等。

合并单元格一般需要将表头所在的单元格区域进行合并居中。选择单元格区域A1:H1,在"开始"选项卡的"对齐方式"选项组中单击"合并后居中"下拉按钮,从列表中选择"合并后居中"选项,即可合并选中的单元格区域并居中显示,如图5-29所示。

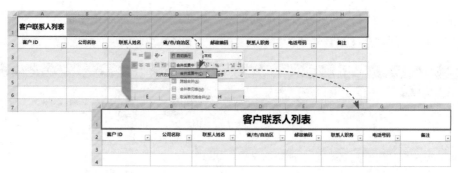

图5-29

添加边框是为了使数据看起来更加清晰、直观，一般需要为表格添加边框。选择单元格区域B2:J9，按组合键Ctrl+1打开"设置单元格格式"对话框。在"边框"选项卡中设置框线的样式、颜色，然后将其应用在表格上即可，如图5-30所示。

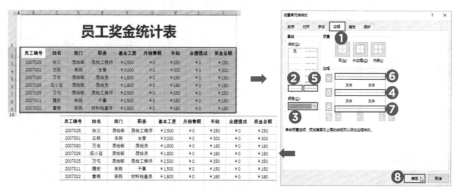

图5-30

对于一些需要重点突出的内容，可以为其单元格添加填充颜色。选择单元格区域B2:J2，在"开始"选项卡的"字体"选项组中单击"填充颜色"下拉按钮，从列表中选择合适的填充颜色即可，如图5-31所示。

在"视图"选项卡中取消勾选"网格线"复选框，可以让表格更加清晰地呈现出来。

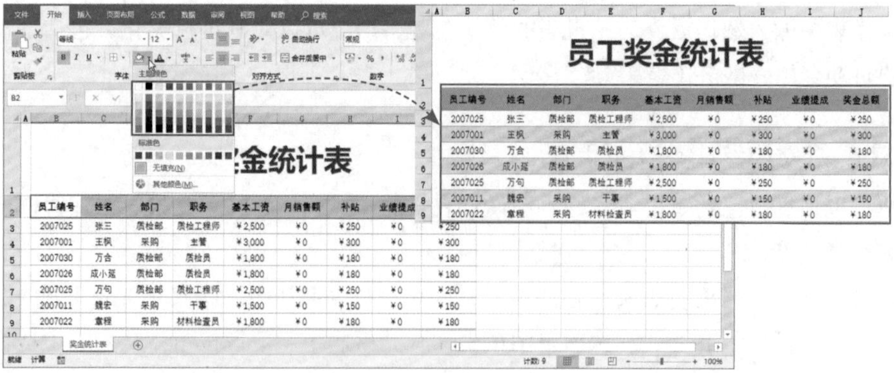

图5-31

■5.3.2 自动套用表格格式

除了自己动手设置表格的样式外，用户还可以套用Excel内置的表格格式，快速美化表格。首先选择单元格区域，在“开始”选项卡的“样式”选项组中单击“套用表格格式”下拉按钮，从列表中选择需要的表格样式即可，如图5-32所示。

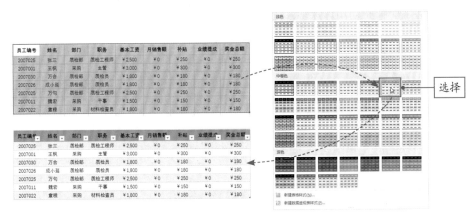

图5-32

知识拓展

套用表格格式后，表格的列标题会出现筛选按钮，如果想要将其去掉，可以在“表格工具-设计”选项卡的“工具”选项组中单击“转换为区域”按钮，将智能表格转化成普通表格。

■5.3.3 使用单元格样式

使用“填充颜色”功能可以为单元格添加颜色，除此之外，使用内置的“单元格样式”命令也可以快速为单元格填充颜色。只需选择单元格或单元格区域，在“开始”选项卡的“样式”选项组中单击“单元格样式”下拉按钮，从列表中选择合适的单元格样式即可，如图5-33所示。

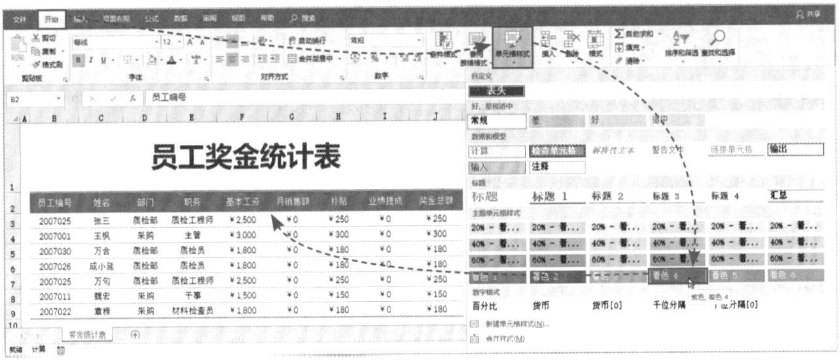

图5-33

ⓔ综合实战

5.4 | 制作销售日报表

销售日报表用来记录每天销售商品的情况，包括记录商品名称、销售日期、编号、单价、销量、总额等。下面将向用户详细介绍制作流程。

■5.4.1 创建销售日报表

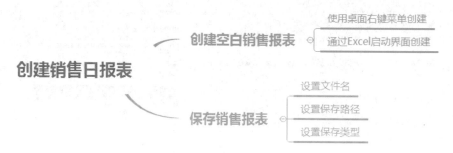

首先用户需要创建一个空白工作簿，然后将其保存，具体操作方法如下。

Step 01 启动Excel 2019。在桌面上找到Excel图标，然后双击该图标，如图5-34所示。

Step 02 新建工作簿。在弹出的界面中选择"空白工作簿"选项，如图5-35所示。

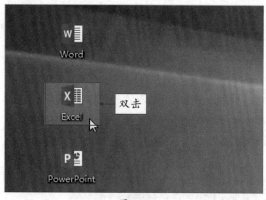

图5-34

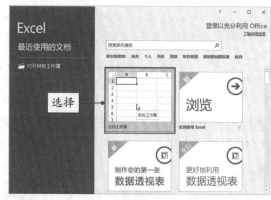

图5-35

Step 03 查看效果。此时可以看到，系统已经创建了一个名为"工作簿1"的空白工作簿，如图5-36所示。

Step 04 执行"保存"命令。单击工作簿上方的"保存"按钮，弹出"另存为"界面，然后单击"浏览"按钮，如图5-37所示。

Step 05 完成保存。打开"另存为"对话框，设置保存路径和文件名，单击"保存"按钮即可，如图5-38所示。

Step 06 查看效果。此时，可以看到工作簿的名称变为"销售日报表"，如图5-39所示。

知识拓展

如果用户通过右键的菜单命令创建空白工作簿，对工作簿进行编辑后，直接单击"保存"按钮就可以进行保存。

图5-36

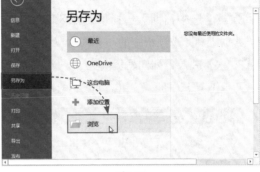

图5-37

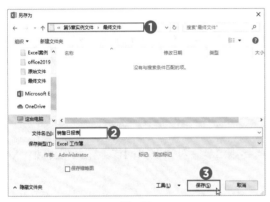

图5-38

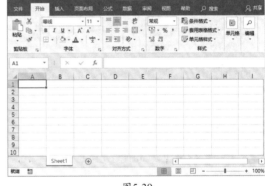

图5-39

■5.4.2　在销售日报表中录入数据

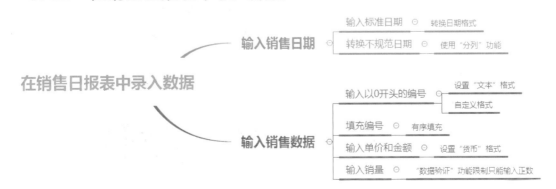

创建好空白工作簿后，接下来在工作表中输入相关数据，这里已经输入好列标题、"销售日期"和"商品名称"。下面将介绍如何输入"编号""单价""销量"和"销售金额"。

1．标准日期格式的转换

在"销售日期"列中输入日期后，发现输入的日期不规范，想要将其更改为规范的日期，如更改为"2019/7/1"类型的日期，可以按照以下步骤进行操作。

Step 01 **选中日期**。选择单元格区域A2:A22，切换至"数据"选项卡，单击"数据工具"选项组中的"分列"按钮，如图5-40所示。

Step 02 **进入分列向导第1步**。打开"文本分列向导-第1步"对话框，保持各个选项为默认状态，单击"下一步"按钮，如图5-41所示。

图5-40

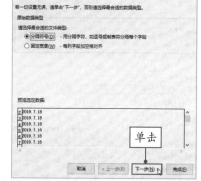

图5-41

Step 03 **进入分列向导第2步**。弹出"文本分列向导-第2步"对话框，同样不作任何更改，单击"下一步"按钮，如图5-42所示。

Step 04 **选择列数据格式**。弹出"文本分列向导-第3步"对话框，在"列数据格式"区域选中"日期"单选按钮，然后单击"完成"按钮即可，如图5-43所示。

图5-42

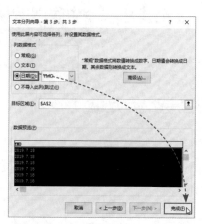

图5-43

Step 05 **查看日期修正效果**。此时，可以看到不规范的日期全部被修改成规范的日期类型了，如图5-44所示。

图5-44

知识拓展

　　用户还可以将日期格式更改为其他Excel认可的日期类型，只需选中需要更改的日期，按组合键Ctrl+1打开"设置单元格格式"对话框，在"分类"列表框中选择"日期"选项，然后在右侧的"类型"列表框中选择需要的日期类型即可，如图5-45所示。

图5-45

2. 输入以 0 开头的编号

　　在一些报表中，会需要录入像编号、序号等有序数据，下面将介绍如何录入以0开头的有序数据。

扫码观看视频

Step 01 **选择B列**。将光标移动到B列的列标上方，当光标变成向下的黑色箭头时单击鼠标，如图5-46所示。

Step 02 **设置数字格式**。打开"开始"选项卡，在"数字"选项组中单击"数字格式"下拉按钮，从列表中选择"文本"选项，如图5-47所示。

图5-46

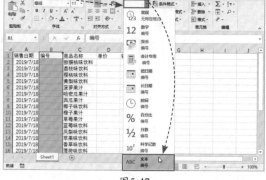

图5-47

Step 03 **输入以0开头的数字。** 选中B2单元格，输入"00001"，然后按下Enter键，数字前面的0即被成功录入，如图5-48所示。

Step 04 **填充编号。** 再次选中B2单元格，将光标移动到B2单元格的右下角，当光标变成十字形状时，按住鼠标左键不放向下拖动鼠标，即可填充有序数据，如图5-49所示。

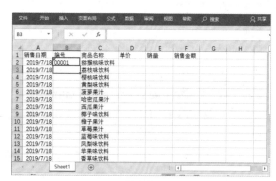

图5-48

图5-49

Step 05 **启动"Excel选项"对话框。** 单击"文件"菜单按钮，在打开的界面中选择"选项"选项，如图5-50所示。

Step 06 **设置错误检查规则。** 打开"Excel选项"对话框，在左侧选择"公式"选项，然后在右侧"错误检查规则"区域取消勾选"文本格式的数字或者前面有撇号的数字"复选框，如图5-51所示，单击"确定"按钮即可。

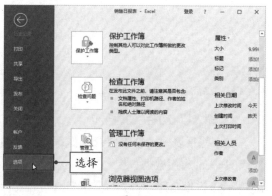

图5-50

Step 07 **查看结果。** 此时，可以看到编号前面的绿色小三角已经不再显示了，看起来不显得突兀，如图5-52所示。

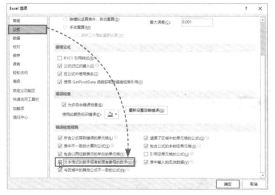

图5-51

	A	B	C	D	E	F
1	销售日期	编号	商品名称	单价	销量	销售金额
2	2019/7/18	00001	猕猴桃味饮料			
3	2019/7/18	00002	荔枝味饮料			
4	2019/7/18	00003	樱桃味饮料			
5	2019/7/18	00004	黄梨味饮料			
6	2019/7/18	00005	菠萝果汁			
7	2019/7/18	00006	哈密瓜果汁			
8	2019/7/18	00007	西瓜果汁			
9	2019/7/18	00008	椰子味果汁			
10	2019/7/18	00009	橙子果汁			
11	2019/7/18	00010	草莓果汁			
12	2019/7/18	00011	蓝莓味饮料			
13	2019/7/18	00012	凤梨味饮料			
14	2019/7/18	00013	苹果味饮料			
15	2019/7/18	00014	香草味饮料			
16	2019/7/18	00015	薄荷味饮料			

图5-52

知识拓展

除了将单元格设置成文本格式外，用户还可以通过自定义单元格格式，来输入以0开头的数据，只需在"设置单元格格式"对话框中选择"自定义"选项，然后在"类型"文本框中输入"000#"，如图5-53所示，就可以输入像"0001"这样以0开头的数据。

图5-53

● **新手误区**：在输入以0开头的数据时，有的人会采用在单元格中先输入单引号"'"，然后再输入"01"，但这种方法只适合输入少量数据，如果输入的数据非常多，这种方法反而会增加工作量，起不到便捷、高效的作用。因此，当输入大量的以0开头的数据时，建议将单元格设置为"文本"格式或自定义单元格格式。

3. 限制数值型数据的录入

在报表中，数字型数据是最常输入的，本例中的"销量"列一般都是输入大于或等于0的整数，为了防止输入其他数据出现失误，可以限制数字的输入。

Step 01 启动"数据验证"命令。选中单元格区域E2:E22，打开"数据"选项卡，在"数据工具"选项组中单击"数据验证"下拉按钮，从列表中选择"数据

扫码观看视频

验证"选项，如图5-54所示。

Step 02 **设置限制条件**。打开"数据验证"对话框，在"设置"选项卡中将"允许"设置为"整数"，将"数据"设置为"大于或等于"，然后在"最小值"文本框中输入"0"，单击"确定"按钮，如图5-55所示。

图5-54 　　　　　　　　　　　　图5-55

Step 03 **输入数字**。在"销量"列中输入数据，当输入的不是大于或等于0的整数时，系统会弹出提示对话框，如图5-56所示。

Step 04 **查看效果**。单击"重试"按钮，完成数据的输入，如图5-57所示。

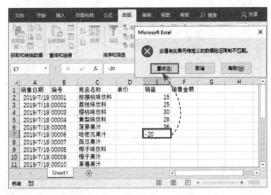

图5-56 　　　　　　　　　　　　图5-57

知识拓展

　　如果输入数据前没有设置数据验证，可以在输入数据后设置限制条件，然后单击"数据验证"下拉按钮，从列表中选择"圈释无效数据"选项，这样输入的不符合条件的数据就会被圈出来。

4. 输入货币形式的数据

　　在财务报表中，经常会输入"金额"数据，下面将介绍如何快速为数据添加货币符号，并保留两位小数。

Step 01 **启动数字命令**。选择D列和F列，在"开始"选项卡的"数字"选项组中单击对话框启动器按钮，如图5-58所示。

Step 02 **设置货币格式**。打开"设置单元格格式"对话框，在"数字"选项卡中选择"货币"分类，然后在右侧将小数位数设置为"2"，单击"确定"按钮关闭对话框，如图5-59所示。

图5-58

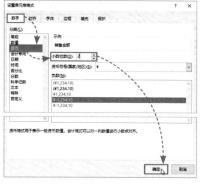

图5-59

Step 03 **输入单价**。此时，在"单价"列中输入数字，系统会自动添加货币符号，并保留两位小数，如图5-60所示。

Step 04 **计算销售金额**。选中F2单元格，输入公式"=D2*E2"，如图5-61所示。

图5-60

图5-61

Step 05 **查看结果**。按Enter键计算出结果，然后将公式向下填充，完成"销售金额"列的输入，如图5-62所示。

图5-62

图5-63

■5.4.3 美化销售日报表

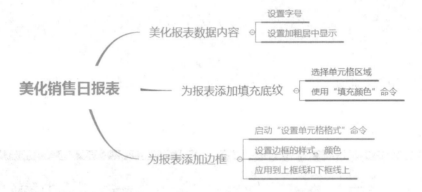

报表中的数据内容输入完成后，为了使报表看起来既美观又便于查看数据，可以手动设置报表的样式，具体操作方法如下。

Step 01 **设置列标题。**选择单元格区域A1:F1，在"开始"选项卡中将字号设置为"12"，并加粗居中显示，如图5-64所示。

Step 02 **设置数据内容。**选择单元格区域A2:C22和E2:E22，将其中的数据设置为居中显示，如图5-65所示。

图5-64

图5-65

Step 03 设置填充底纹。选择单元格区域A1:F1，在"开始"选项卡的"字体"选项组中单击"填充颜色"下拉按钮，从列表中选择合适的颜色，如图5-66所示。

Step 04 查看效果。按照上述方法，为其他单元格设置填充底纹，最后将列标题的字体颜色更改为白色，如图5-67所示。

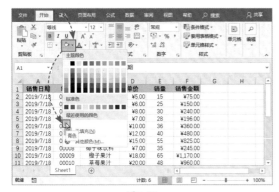
图5-66

图5-67

Step 05 设置边框。选择单元格区域A2:F22，按组合键Ctrl+1打开"设置单元格格式"对话框，切换至"边框"选项卡，从中设置边框的样式和颜色，并应用到上框线和下框线上，单击"确定"按钮，如图5-68所示。

Step 06 查看效果。返回到工作表，适当地调整单元格的行高和列宽，然后在A列前插入一个空白列，最后取消显示网格线即可，如图5-69所示。

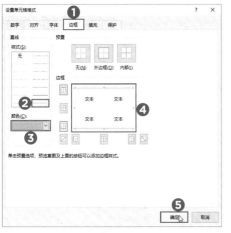
图5-68

图5-69

ⓔ课后作业

通过对本章内容的学习，相信大家对工作表的操作已经有了更深入的了解，在此利用所学知识，按照以下操作提示制作一份"节日礼品采购清单"。

操作提示

（1）在"序号"列中输入以0开头的序号，并向下填充序号。

（2）将"采购日期"列中不规范的日期更改为标准日期。

（3）在"单位"列中批量输入"台""个"等量词。

（4）在"采购单价"列中输入数据，并设置为"货币"格式。

（5）计算"采购金额"，并将数字格式设置为"货币"。

效果参考

序号	采购日期	礼品名称	单位	采购数量	采购单价	采购金额
	2019.8.1	挂烫机		10		
	2019.8.1	电饭煲		15		
	2019.8.2	微波炉		20		
	2019.8.2	豆浆机		8		
	2019.8.2	榨汁机		14		
	2019.8.3	保温杯		12		
	2019.8.3	吹风机		6		
	2019.8.4	行李箱		20		
	2019.8.4	冰箱		2		
	2019.8.5	饮水机		12		
	2019.8.5	零食大礼包		30		

节日礼品采购清单

原始效果

序号	采购日期	礼品名称	单位	采购数量	采购单价	采购金额
001	2019/8/1	挂烫机	台	10	¥199.00	¥1,990.00
002	2019/8/1	电饭煲	台	15	¥499.00	¥7,485.00
003	2019/8/2	微波炉	台	20	¥400.00	¥8,000.00
004	2019/8/2	豆浆机	台	8	¥270.00	¥2,160.00
005	2019/8/2	榨汁机	台	14	¥699.00	¥9,786.00
006	2019/8/3	保温杯	个	12	¥178.00	¥2,136.00
007	2019/8/3	吹风机	个	6	¥368.00	¥2,208.00
008	2019/8/4	行李箱	个	20	¥200.00	¥4,000.00
009	2019/8/4	冰箱	台	2	¥2,000.00	¥4,000.00
010	2019/8/5	饮水机	台	12	¥249.00	¥2,988.00
011	2019/8/5	零食大礼包	箱	30	¥180.00	¥5,400.00

节日礼品采购清单

最终效果

Tips

在制作过程中，如有疑问，可以与我们进行交流（QQ群号：728245398）。

第 6 章

循序渐进的
数据处理

Excel具有强大的数据处理功能，但在日常办公中，人们常用的操作是排序、筛选等，或者仅仅拿它来制作报表。可以说，只是接触到Excel的皮毛而已。其实Excel有许多好用的功能，掌握后可以让我们在工作中事半功倍。本章内容将对Excel的数据分析和条件格式的应用进行详细的介绍。

Ⓔ 思维导图

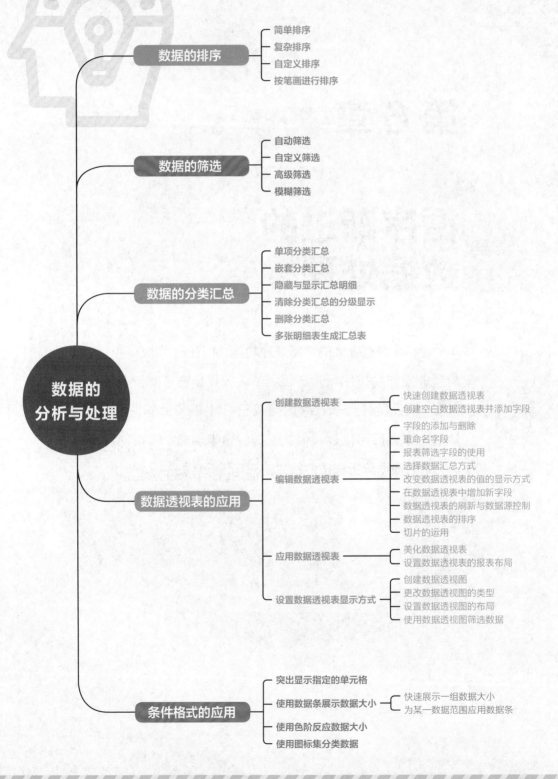

数据的分析与处理

- 数据的排序
  - 简单排序
  - 复杂排序
  - 自定义排序
  - 按笔画进行排序

- 数据的筛选
  - 自动筛选
  - 自定义筛选
  - 高级筛选
  - 模糊筛选

- 数据的分类汇总
  - 单项分类汇总
  - 嵌套分类汇总
  - 隐藏与显示汇总明细
  - 清除分类汇总的分级显示
  - 删除分类汇总
  - 多张明细表生成汇总表

- 数据透视表的应用
  - 创建数据透视表
    - 快速创建数据透视表
    - 创建空白数据透视表并添加字段
  - 编辑数据透视表
    - 字段的添加与删除
    - 重命名字段
    - 报表筛选字段的使用
    - 选择数据汇总方式
    - 改变数据透视表的值的显示方式
    - 在数据透视表中增加新字段
    - 数据透视表的刷新与数据源控制
    - 数据透视表的排序
    - 切片的运用
  - 应用数据透视表
    - 美化数据透视表
    - 设置数据透视表的报表布局
  - 设置数据透视表显示方式
    - 创建数据透视图
    - 更改数据透视图的类型
    - 设置数据透视图的布局
    - 使用数据透视图筛选数据

- 条件格式的应用
  - 突出显示指定的单元格
  - 使用数据条展示数据大小
    - 快速展示一组数据大小
    - 为某一数据范围应用数据条
  - 使用色阶反应数据大小
  - 使用图标集分类数据

知识速记

6.1 简单的数据分析

对工作表中的数据最常进行的分析处理是排序、筛选、分类汇总、合并计算等，这些都是最基础的分析操作。

■6.1.1 数据的排序

数据的排序分为简单排序、复杂排序和自定义排序，用户需要根据实际情况对数据进行排序。

简单排序多指对表格中的某一列进行排序。只需选中某一列中的任意单元格，在"数据"选项卡中单击"升序"或"降序"按钮，如图6-1所示，就可以对该列数据进行升序或降序排序。

图6-1

复杂排序是指对工作表中的数据按照两个或两个以上的关键字进行排序。需要单击"数据"选项卡中的"排序"按钮，在打开的"排序"对话框中设置"主要关键字"和"次要关键字"，如图6-2所示。工作表中"职务"列中的数据会按照"升序"进行排序，"基本工资"列中的数据会根据"职务"列中的数据"降序"排序。

图6-2

如果需要按照特定的类别顺序进行排序，则可以创建自定义序列。首先打开"排序"对话框，设置"主要关键字"后，在"次序"下拉列表中选择"自定义序列"选项，打开"自定义序列"对话框，从中设置自定义序列，确认后返回"排序"对话框，直接单击"确定"按钮即可，如图6-3所示。此时，工作表中"部门"列中的数据会以"财务部,行政部,生产部,技术部,客服部"这样的顺序进行排序。

需要注意的是，各部门之间要用半角状态下的英文逗号隔开。

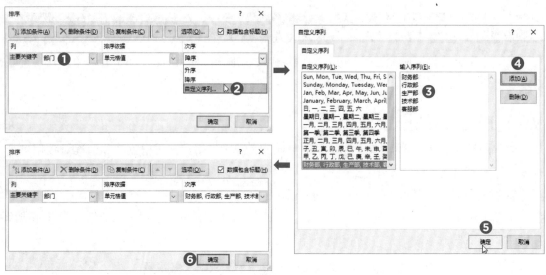

图6-3

　　　如果在"排序"对话框中单击"选项"按钮，则在打开的"排序选项"对话框中可以设置排序方向（按行排序或按列排序）和排序方法（按字母排序或按笔划排序），如图6-4所示。

图6-4

■ 6.1.2　数据的筛选

　　　筛选就是从众多的数据中将符合条件的数据快速查找并显示出来。筛选分为自动筛选、自定义筛选和高级筛选。

　　　对于筛选条件比较简单的数据，可以使用自动筛选功能。首先在"数据"选项卡中单击"筛选"按钮，进入筛选状态后，单击需要筛选的字段，在展开的列表中选择筛选项即可，如图6-5所示。

　　　用户可以使用自定义筛选功能进行筛选条件不明确的数据。进入筛选状态后，单击需要筛选的字段，然后在展开的列表中选择"文本筛选"选项，并从其级联列表中选择"自定义筛选"选项，在打开的"自定义自动筛选方式"对话框中设置筛选条件即可，如图6-6所示。可以看到工作表中所有"李"姓人员的相关信息被筛选出来了。

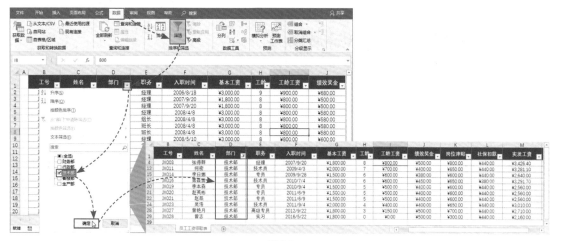

图6-5

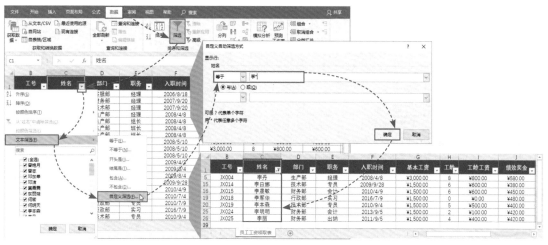

图6-6

知识拓展

以上使用通配符进行自定义筛选，其中，"李"后面的"*"表示任意多个字符。而"?"表示单个字符，并且必须要在英文状态下输入。

当进行条件更复杂的筛选时，可以使用高级筛选功能。首先创建筛选条件，然后在"数据"选项卡中单击"高级"按钮，在弹出的"高级筛选"对话框中设置"列表区域"和"条件区域"，确认后就可以把符合筛选条件的数据筛选出来，如图6-7所示。

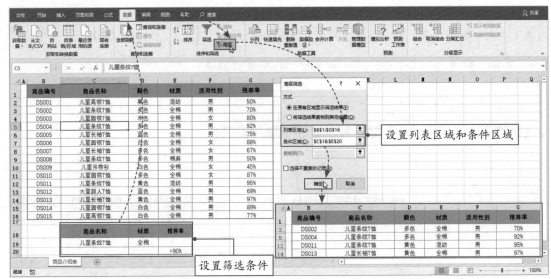

图6-7

■6.1.3 数据的分类汇总

在管理报表中的数据时，经常需要对数据进行求和、求平均值等操作，使用"分类汇总"功能可以很方便地对数据进行汇总求和。

单项分类汇总是对某个字段进行求和汇总。在"数据"选项卡中单击"分类汇总"按钮，在打开的"分类汇总"对话框中设置"分类字段""汇总方式""选定汇总项"即可，如图6-8所示。

需要注意的是，在对某个字段进行分类汇总前，需要对该字段进行排序。

嵌套分类汇总是在一个分类汇总的基础上，对其他字段进行再次分类汇总。首先需要对分类汇总的字段进行排序，然后单击"分类汇总"按钮，在打开的"分类汇总"对话框中设置第一个分类字段，设置好后再次打开"分类汇总"对话框，从中设置第二个字段即可，如图6-9所示。

图6-8

图6-9

● **新手误区：** 在设置第二个字段时，需要取消勾选"替换当前分类汇总"复选框，否则该字段的分类汇总会覆盖上一次的分类汇总结果。

■6.1.4　数据的合并计算

在工作中有时需要将几个不同工作表中的数据合并在一起，生成一个汇总表，首先新建一个"汇总"工作表，然后选中A1单元格，在"数据"选项卡中单击"合并计算"按钮，打开"合并计算"对话框，从中设置"引用位置"和"所有引用位置"选项，最后勾选"首行"和"最左列"复选框即可，如图6-10所示。

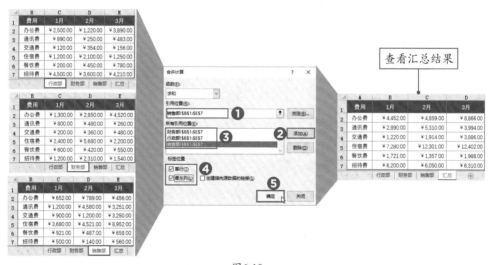

图6-10

6.2 | 高级的数据分析

前面介绍了一些简单的数据分析，但在工作中也常常使用数据透视表和数据透视图来分析更复杂的数据。

■6.2.1　创建数据透视表

扫码观看视频

数据透视表是一种可以快速汇总大量数据的交互式的表，使用它可以深入分析数值数据。创建数据透视表需要选中源表格中的任意单元格，在"插入"选项卡中单击"数据透视表"按钮，在打开的"创建数据透视表"对话框中进行设置即可，如图6-11所示。

此时，在新的工作表中创建了一个空白数据透视表，同时打开了"数据透视表字段"窗格，在"选择要添加到报表的字段"列表框中分别勾选需要的选项，在数据透视表中将会显示相关的汇总数据，如图6-12所示。

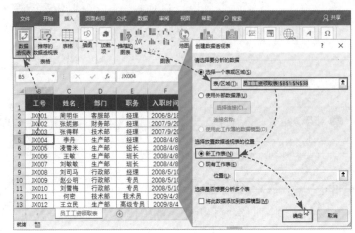

图6-11

图6-12

■6.2.2　使用数据透视表处理分析数据

创建数据透视表后，用户可以根据需要对透视表中的数据进行分析。在数据透视表中，用户可以筛选、排序数据，还可以修改计算类型。

用户可以在数据透视表中筛选数据，如对"姓名"字段进行筛选。在"数据透视表字段"窗格中，将"姓名"字段从"行"区域拖拽到"筛选"区域，然后在数据透视表中会出现"姓名"筛选字段，单击"姓名"字段右侧的筛选按钮，在列表中进行选择即可筛选出相应的信息，如图6-13所示。

图6-13

知识拓展

　　想要清除在数据透视表中的筛选，需要打开"数据透视表工具-分析"选项卡，在"操作"选项组中单击"清除"下拉按钮，从列表中选择"清除筛选"选项即可，如图6-14所示。

图6-14

　　用户可以对数据透视表中的数据进行排序，如对"实发工资"进行"升序"排序。首先选中"实发工资"列中的任意单元格，右击，在弹出的快捷菜单中选择"排序"命令，接着在其级联菜单中选择"升序"选项，即可将"求和项：实发工资"列中的数据进行"升序"排序，如图6-15所示。

图6-15

　　用户可以修改数据透视表中的计算类型，如将"求和项：实发工资"字段修改为"平均值项：实发工资"。首先选中"求和项：实发工资"列中的任意单元格，打开"数据透视表工具-分析"选项卡，在"活动字段"选项组中单击"字段设置"按钮，在打开的"值字段设置"对话框中重新选择"计算类型"即可，如图6-16所示。

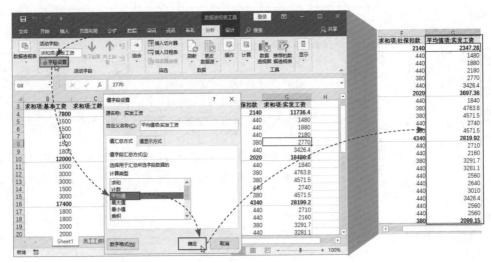

图6-16

■6.2.3 创建数据透视图

数据透视图是数据透视表内数据的一种表现方式，是通过图形的方式直观、形象地展示数据。创建数据透视图，需要在"插入"选项卡的"图表"选项组中单击"数据透视图"按钮，在打开的"创建数据透视图"对话框中进行设置，如图6-17所示。此时，会在新的工作表中创建空白的数据透视表和数据透视图，并弹出"数据透视图字段"窗格，在"选择要添加到报表的字段"列表框中勾选需要的选项，工作表中会显示相应的数据透视表和数据透视图，如图6-18所示。

扫码观看视频

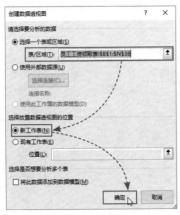

图6-17

图6-18

知识拓展

用户还可以直接根据数据透视表中的数据创建数据透视图，只需打开"数据透视表工具–分析"选项卡，在"工具"选项组中单击"数据透视图"按钮，在打开的"插入图表"对话框中选择合适的图表类型即可，如图6-19所示。

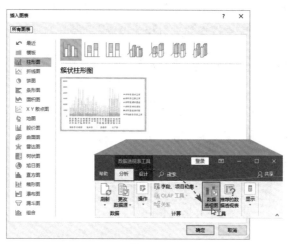

图6-19

■6.2.4　使用数据透视图筛选数据

除了可以在数据透视表中筛选数据外，使用数据透视图也可以筛选数据。例如，在数据透视图中通过"姓名"字段筛选数据。首先单击数据透视图左下角的"姓名"字段按钮，在展开的列表中取消勾选"全选"复选框，并勾选需要筛选的选项即可，如图6-20所示。

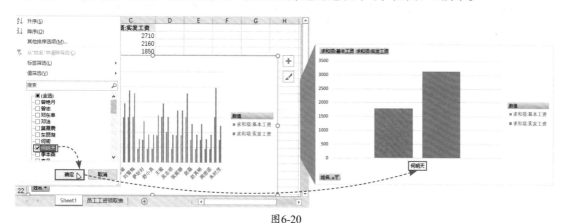

图6-20

6.3 条件格式的应用

Excel的"条件格式"功能可以根据条件使用数据条、色阶、图标集等，以直观的方式显示单元格中的数据，还可以通过设置条件格式突出显示某些单元格中的数值。

■6.3.1　突出显示指定条件的单元格

通过使用"条件格式"功能，可以快速显示工作表中指定条件的单元格，如突出显示"销售排名"中前3名的单元格。首先选中"销售排名"中的数据区域，在"开始"选项卡中单击"条件格式"下拉按钮，在列表中选择并进行相关设置，如图6-21所示。

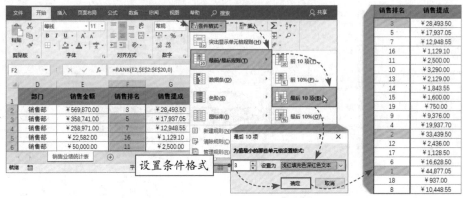

图6-21

■6.3.2　使用数据条反映数据大小

使用数据条可以快速为一组数据插入底纹颜色，并根据数值的大小自动调整长度，数值越大，数据条越长；数值越小，数据条越短。在"开始"选项卡中单击"条件格式"下拉按钮，从列表中进行相应的选择即可，如图6-22所示。

图6-22

■6.3.3　使用色阶展示数据范围

在对数据进行查看比较时，为了能够更直观地了解整体情况，可以为数据使用"色阶"功能。在"条件格式"列表中选择"色阶"选项，并从其级联列表中选择合适的色阶样式即可，如图6-23所示。这里选择"红-黄-绿色阶"，其中，红色代表最大值，黄色代表中间值，绿色代表最小值。

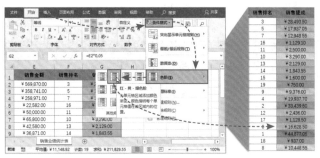

图6-23

■6.3.4 使用图标集对数据进行分类

使用"图标集"功能可以对数据进行等级划分，使数据的分布情况一目了然。在"条件格式"列表中选择"新建规则"选项，在打开的"新建格式规则"对话框中对"格式样式""图标样式""图标""值""类型"等选项进行设置，如图6-24所示。本案例中，将"销售排名"1~5名的图标设置成"√"，将6~12名设置成"!"，将13~19名设置成"×"。

图6-24

用户可以在"条件格式"列表中选择"图标集"选项，并从其级联列表中选择合适的图标集样式，如图6-25所示，即可快速划分所选的数据区域。

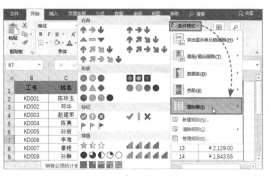

图6-25

ⓔ 综合实战

6.4 制作员工奖金核算表

每个公司在年末都会根据业绩向员工发放奖金，这时就需要制作一个奖金核算表，统计发放奖金的总额。其涉及排序、筛选、分类汇总、条件格式等知识，下面将向用户详细介绍制作流程。

■ 6.4.1 创建员工奖金核算表

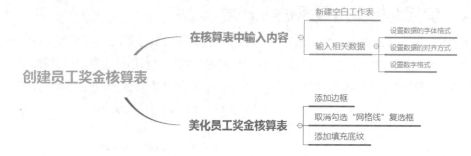

利用前面所学的知识创建一个员工奖金核算表，然后适当地美化一下即可，具体操作方法如下。

Step 01 **新建空白工作簿。**使用右键的菜单命令在桌面上新建一个空白工作簿，并命名为"员工奖金核算"，双击该图标打开工作表，如图6-26所示。

Step 02 **输入数据。**在工作表中输入相关数据，并设置数据的字体格式、对齐方式和数字格式，然后适当地调整工作表的行高和列宽，如图6-27所示。

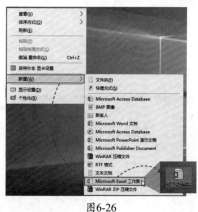

图6-26

	A	B	C	D	E	F	G	H	I
1	编号	姓名	部门	职务	基本工资	月销售额	补贴	业绩提成	奖金总额
2	DS-001	沛东	销售1部	经理	¥7,200.00	¥102,000.00	¥720.00	¥2,040.00	¥2,760.00
3	DS-002	韩风	销售8部	员工	¥1,500.00	¥580,000.00	¥150.00	¥11,600.00	¥11,750.00
4	DS-003	谢宇	销售2部	员工	¥1,500.00	¥24,000.00	¥150.00	¥240.00	¥390.00
5	DS-004	王英	销售4部	经理	¥7,000.00	¥390,000.00	¥700.00	¥7,800.00	¥8,500.00
6	DS-005	张帅	销售4部	员工	¥2,000.00	¥68,000.00	¥200.00	¥1,360.00	¥1,560.00
7	DS-006	刘一	销售4部	员工	¥2,000.00	¥45,200.00	¥200.00	¥678.00	¥878.00
8	DS-007	盒展	销售4部	员工	¥3,000.00	¥55,000.00	¥300.00	¥1,100.00	¥1,400.00
9	DS-008	吴彪	销售1部	员工	¥1,800.00	¥40,000.00	¥180.00	¥600.00	¥780.00
10	DS-009	肖亮	销售1部	主管	¥8,800.00	¥380,000.00	¥880.00	¥7,600.00	¥8,480.00
11	DS-010	朱珠	销售1部	员工	¥1,800.00	¥41,000.00	¥180.00	¥615.00	¥795.00
12	DS-011	徐江	销售5部	主管	¥8,800.00	¥220,000.00	¥880.00	¥4,400.00	¥5,280.00
13	DS-012	何秀	销售6部	经理	¥8,500.00	¥380,000.00	¥850.00	¥7,600.00	¥8,450.00
14	DS-013	曾琳	销售1部	经理	¥7,500.00	¥258,000.00	¥750.00	¥5,160.00	¥5,910.00
15	DS-014	邓怡	销售4部	员工	¥1,500.00	¥45,200.00	¥150.00	¥678.00	¥828.00
16	DS-015	苏益	销售3部	员工	¥6,500.00	¥420,000.00	¥650.00	¥8,400.00	¥9,050.00
17	DS-016	何勇	销售3部	员工	¥2,800.00	¥20,000.00	¥280.00	¥200.00	¥480.00
18	DS-017	王璐	销售3部	员工	¥2,800.00	¥470,000.00	¥280.00	¥9,400.00	¥9,680.00
19	DS-018	林冰	销售5部	员工	¥2,500.00	¥36,900.00	¥250.00	¥553.50	¥803.50
20	DS-019	赵东	销售8部	经理	¥7,900.00	¥852,000.00	¥780.00	¥17,040.00	¥17,820.00

图6-27

Step 03 **添加边框。**选择单元格区域A2:I32，按组合键Ctrl+1打开"设置单元格格式"对话框，切换至"边框"选项卡，从中设置表格的边框样式和颜色，设置完成后单击"确定"按钮即可，如图6-28所示。

Step 04 **查看效果。**返回工作表，在"视图"选项卡中取消勾选"网格线"复选框，然后查看为数据添加边框的效果，如图6-29所示。

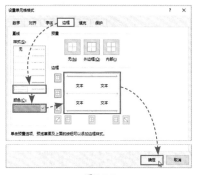

图6-28

图6-29

Step 05 **添加填充底纹。**选择单元格区域A1:I1，在"开始"选项卡的"字体"选项组中单击"填充颜色"下拉按钮，从列表中选择合适的填充颜色即可，如图6-30所示。

Step 06 **查看效果。**此时，可以看到为选中的单元格区域添加底纹的效果，如图6-31所示。

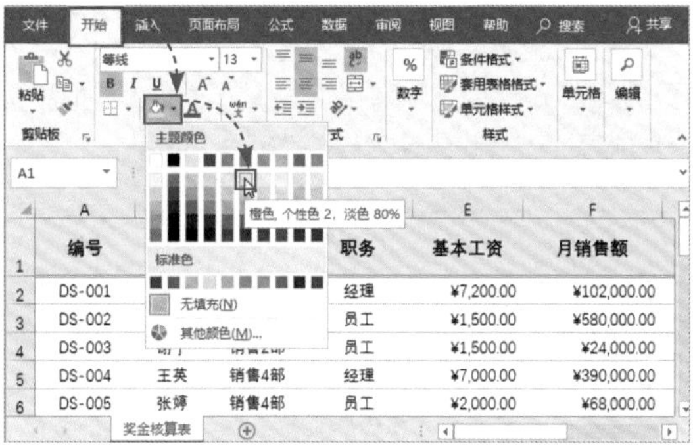

![图6-30]

图6-30

![图6-31]

图6-31

■6.4.2　员工奖金核算表的基本分析

扫码观看视频

制作好奖金核算表后，用户可以对工作表中的数据进行基本分析，如对数据进行排序、筛选等。

1. 对数据进行排序

例如，对"业绩提成"列中的数据进行"升序"排序，具体操作方法如下。

Step 01 **启动"升序"命令。**选中"业绩提成"列中的任意单元格,这里选择H3单元格,打开"数据"选项卡,在"排序和筛选"选项组中单击"升序"按钮,如图6-32所示。

Step 02 **查看排序结果。**此时,可以看到"业绩提成"列中的数据已经按照从低到高进行排序了,如图6-33所示。

图6-32   图6-33

2.对数据进行筛选

如果用户想要查看某些数据,可以将其筛选出来,如将"销售2部"的相关数据筛选出来,具体操作方法如下。

Step 01 **启动"筛选"命令。**选中工作表中的任意单元格,在"数据"选项卡中单击"筛选"按钮,如图6-34所示。

Step 02 **执行筛选操作。**进入筛选状态,此时,列标题右侧出现一个下三角按钮,单击"部门"右侧的下三角按钮,如图6-35所示。

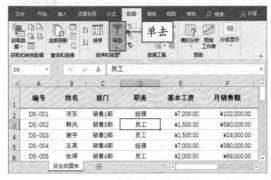

图6-34

图6-35

Step 03 **选择筛选项。** 在展开的列表中取消勾选"全选"复选框，然后勾选"销售2部"复选框，单击"确定"按钮，如图6-36所示。

Step 04 **查看筛选结果。** 此时，可以看到已经把"销售2部"的相关信息筛选出来了，如图6-37所示。

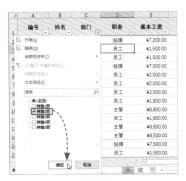

图6-36

编号	姓名	部门	职务	基本工资	月销售额	补贴
DS-003	谢宇	销售2部	员工	¥1,500.00	¥24,000.00	¥150.00
DS-012	何秀	销售2部	主管	¥8,500.00	¥380,000.00	¥850.00
DS-013	曾琳	销售2部	经理	¥7,500.00	¥258,000.00	¥750.00
DS-014	邓怡	销售2部	员工	¥1,500.00	¥45,200.00	¥150.00
DS-023	陈亮	销售2部	员工	¥1,200.00	¥395,000.00	¥120.00
DS-026	任盈	销售2部	员工	¥1,200.00	¥45,200.00	¥120.00
DS-027	罗浩	销售2部	员工	¥1,200.00	¥65,800.00	¥120.00

图6-37

知识拓展

如果用户想要取消筛选，则需要在"数据"选项卡中单击"清除"按钮即可，如图6-38所示。取消筛选后，工作表中会保留下三角按钮，再次单击"筛选"按钮，工作表中的下三角按钮就不再显示出来了。

图6-38

■6.4.3　用色彩突出重点数据

扫码观看视频

在Excel中，用户可以使用"条件格式"功能快速显示工作表中的特定数据，下面将介绍"突出显示单元格规则""数据条""色阶"功能的应用。

1. 突出显示单元格规则的应用

例如，将"业绩提成"大于10000元的单元格突出显示出来，具体操作方法如下。

Step 01 **启动"条件格式"命令**。选择单元格区域H2:H32，在"开始"选项卡的"样式"选项组中单击"条件格式"下拉按钮，从列表中选择"突出显示单元格规则"选项，并从其级联列表中选择"大于"选项，如图6-39所示。

Step 02 **设置格式**。打开"大于"对话框，在"为大于以下值的单元格设置格式"数值框中输入10000，然后在"设置为"列表中选择"绿填充色深绿色文本"，如图6-40所示。

图6-39

图6-40

Step 03 **查看效果**。单击"确定"按钮返回工作表，可以看到"业绩提成"列中大于10000的单元格被突出显示出来了，如图6-41所示。

	B	C	D	E	F	G	H	I
1	姓名	部门	职务	基本工资	月销售额	补贴	业绩提成	奖金总额
2	沛东	销售1部	经理	¥7,200.00	¥102,000.00	¥720.00	¥2,040.00	¥2,760.00
3	韩风	销售3部	员工	¥1,500.00	¥580,000.00	¥150.00	¥11,600.00	¥11,750.00
4	谢宇	销售2部	员工	¥1,500.00	¥24,000.00	¥150.00	¥240.00	¥390.00
5	王英	销售4部	经理	¥7,000.00	¥390,000.00	¥700.00	¥7,800.00	¥8,500.00
6	张婷	销售4部	员工	¥2,000.00	¥68,000.00	¥200.00	¥1,360.00	¥1,560.00
7	刘一	销售4部	员工	¥2,000.00	¥45,200.00	¥200.00	¥678.00	¥878.00
8	章展	销售1部	员工	¥3,000.00	¥55,000.00	¥300.00	¥1,100.00	¥1,400.00
9	吴启	销售1部	员工	¥1,800.00	¥40,000.00	¥180.00	¥600.00	¥780.00
10	肖亮	销售1部	主管	¥8,800.00	¥380,000.00	¥880.00	¥7,600.00	¥8,480.00
11	朱珠	销售1部	员工	¥1,800.00	¥41,000.00	¥180.00	¥615.00	¥795.00
12	徐江	销售5部	主管	¥8,800.00	¥220,000.00	¥880.00	¥4,400.00	¥5,280.00
13	何秀	销售2部	主管	¥8,500.00	¥380,000.00	¥850.00	¥7,600.00	¥8,450.00
14	曾琳	销售2部	经理	¥7,500.00	¥258,000.00	¥750.00	¥5,160.00	¥5,910.00
15	邓怡	销售2部	员工	¥1,500.00	¥45,200.00	¥150.00	¥678.00	¥828.00
16	苏益	销售3部	经理	¥6,500.00	¥420,000.00	¥650.00	¥8,400.00	¥9,050.00
17	何勇	销售3部	员工	¥2,800.00	¥20,000.00	¥280.00	¥200.00	¥480.00
18	王锋	销售3部	员工	¥2,800.00	¥470,000.00	¥280.00	¥9,400.00	¥9,680.00
19	林冰	销售5部	员工	¥2,500.00	¥36,900.00	¥250.00	¥553.50	¥803.50
20	赵东	销售5部	经理	¥7,800.00	¥852,000.00	¥780.00	¥17,040.00	¥17,820.00
21	高鹏	销售5部	员工	¥2,500.00	¥85,200.00	¥250.00	¥1,704.00	¥1,954.00

图6-41

2. 数据条的应用

使用"条件格式"中的"数据条"命令，可以展示数据的大小，如为"奖金总额"添加数据条，具体操作方法如下。

Step 01 **添加数据条。**选择单元格区域I2:I32，在"开始"选项卡中单击"条件格式"下拉按钮，从列表中选择"数据条"选项，并从其级联列表中选择合适的渐变填充颜色，如图6-42所示。

Step 02 **查看效果。**此时，可以看到为"奖金总额"列中的数据添加数据条的效果，如图6-43所示。

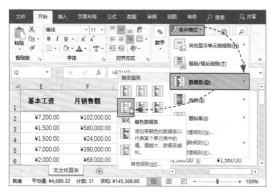

图6-42

图6-43

3. 色阶的应用

使用"条件格式"中的"色阶"命令，可以展示数据的整体分布情况，如为"月销售额"列添加色阶，具体操作方法如下。

Step 01 **添加色阶。**选择单元格区域F2:F32，在"开始"选项卡中单击"条件格式"下拉按钮，从列表中选择"色阶"选项，并从其级联列表中选择"红-黄-绿色阶"选项，如图6-44所示。

Step 02 **查看效果。**此时，可以看到为"月销售额"列中的数据添加色阶的效果，如图6-45所示。

图6-44

图6-45

知识拓展

如果用户想要清除工作表中的条件格式，可以单击"条件格式"下拉按钮，从列表中选择"清除规则"选项，并从其级联列表中根据需要进行选择即可，如图6-46所示。

图6-46

■ 6.4.4　统计各部门奖金总额

扫码观看视频

排序"部门"和"职务"字段 ○—— 执行多字段排序

全部升序排序

统计各部门奖金总额

"部门"和"职务"同时分类汇总 ○—— 设置嵌套分类汇总

要想对汇总表中的某项数据进行汇总求和，可以使用"分类汇总"功能，如对"部门"和"职务"字段进行分类汇总操作。

Step 01 启动"排序"命令。选择工作表中的任意单元格，打开"数据"选项卡，单击"排序和筛选"选项组的"排序"按钮，如图6-47所示。

Step 02 设置排序条件。打开"排序"对话框，将"主要关键字"设置为"部门"，将"次序"设置为"升序"，然后单击"添加条件"按钮，设置"次要关键字"为"职务"，次序为"升序"，设置完成后单击"确定"按钮，如图6-48所示。

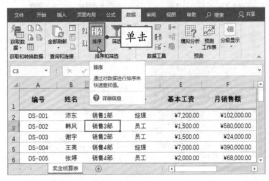

图6-47

图6-48

Step 03 **启动"分类汇总"命令。** 返回工作表，在"数据"选项卡的"分级显示"选项组中单击"分类汇总"按钮，如图6-49所示。

Step 04 **设置"部门"字段。** 打开"分类汇总"对话框，将"分类字段"设置为"部门"，"汇总方式"设置为"求和"，在"选定汇总项"列表框中勾选"奖金总额"复选框，然后单击"确定"按钮，如图6-50所示。

Step 05 **设置"职务"字段。** 再次打开"分类汇总"对话框，然后对"职务"字段进行分类汇总设置，并取消勾选"替换当前分类汇总"复选框，单击"确定"按钮，如图6-51所示。

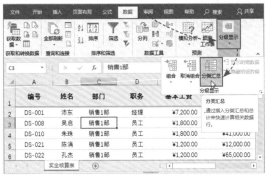

图6-49

图6-50

图6-51

Step 06 **查看分类汇总。** 返回工作表，可以看到已经按照"部门"和"职务"字段对"奖金总额"进行了汇总，如图6-52所示。

Step 07 **隐藏明细数据。** 单击工作表左上角的按钮"3"，隐藏明细数据，只查看汇总数据，如图6-53所示。

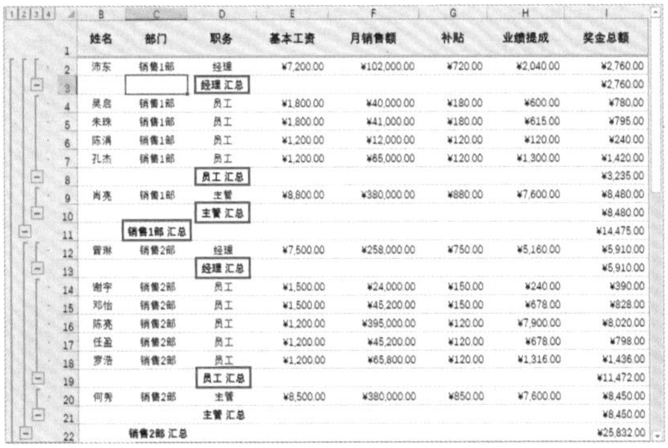

图6-52

图6-53

知识拓展

如果用户想要删除工作表中所有的分类汇总，可以在打开的"分类汇总"对话框中单击"全部删除"按钮。

课后作业

本章主要介绍了数据的处理与分析内容，接下来综合利用所学知识，根据要求对"酒类销售汇总表"进行汇总分析。

操作提示

（1）对"酒的种类"列中的数据进行"升序"排序。

（2）为第一至第四季度的所有销售数据添加"四等级"图标。

（3）对数据表中的数据进行分类汇总，设置分类字段为"酒的种类"，汇总方式为"最大值"和"求和"两种，选择汇总项为"合计"。

（4）将分类汇总数据复制到其他工作表。

效果参考

原始效果

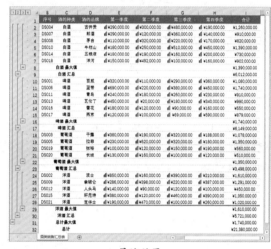

最终效果

Tips

在制作过程中，如有疑问，可以与我们进行交流（QQ群号：728245398）。

Excel

第 7 章

公式与函数的
妙用

Excel具有非常强大的计算功能，使用公式和函数可以完成非常复杂的计算，因此省去了手动计算的工作，提高了工作效率。但大多数人只掌握一些简单的公式和函数，对于复杂的计算还是无从下手。本章内容将对公式和函数的应用进行详细的介绍。

Ⓔ 思维导图

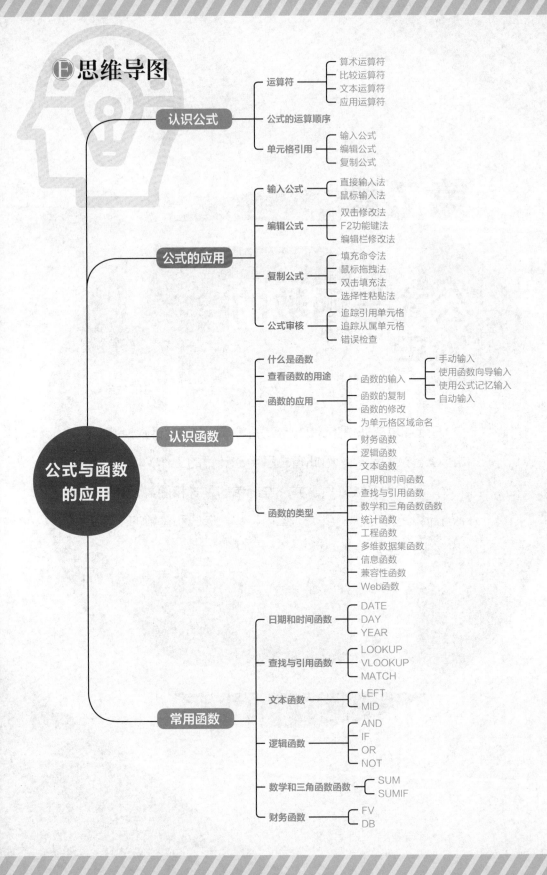

公式与函数的应用
├── 认识公式
│   ├── 运算符
│   │   ├── 算术运算符
│   │   ├── 比较运算符
│   │   ├── 文本运算符
│   │   └── 应用运算符
│   ├── 公式的运算顺序
│   └── 单元格引用
│   ├── 输入公式
│   ├── 编辑公式
│   └── 复制公式
├── 公式的应用
│   ├── 输入公式
│   │   ├── 直接输入法
│   │   └── 鼠标输入法
│   ├── 编辑公式
│   │   ├── 双击修改法
│   │   ├── F2功能键法
│   │   └── 编辑栏修改法
│   ├── 复制公式
│   │   ├── 填充命令法
│   │   ├── 鼠标拖拽法
│   │   ├── 双击填充法
│   │   └── 选择性粘贴法
│   └── 公式审核
│   ├── 追踪引用单元格
│   ├── 追踪从属单元格
│   └── 错误检查
├── 认识函数
│   ├── 什么是函数
│   ├── 查看函数的用途
│   ├── 函数的应用
│   │   ├── 函数的输入
│   │   │   ├── 手动输入
│   │   │   ├── 使用函数向导输入
│   │   │   ├── 使用公式记忆输入
│   │   │   └── 自动输入
│   │   ├── 函数的复制
│   │   ├── 函数的修改
│   │   └── 为单元格区域命名
│   └── 函数的类型
│   ├── 财务函数
│   ├── 逻辑函数
│   ├── 文本函数
│   ├── 日期和时间函数
│   ├── 查找与引用函数
│   ├── 数学和三角函数函数
│   ├── 统计函数
│   ├── 工程函数
│   ├── 多维数据集函数
│   ├── 信息函数
│   ├── 兼容性函数
│   └── Web函数
└── 常用函数
    ├── 日期和时间函数
    │   ├── DATE
    │   ├── DAY
    │   └── YEAR
    ├── 查找与引用函数
    │   ├── LOOKUP
    │   ├── VLOOKUP
    │   └── MATCH
    ├── 文本函数
    │   ├── LEFT
    │   └── MID
    ├── 逻辑函数
    │   ├── AND
    │   ├── IF
    │   ├── OR
    │   └── NOT
    ├── 数学和三角函数函数
    │   ├── SUM
    │   └── SUMIF
    └── 财务函数
        ├── FV
        └── DB

知识速记

7.1　接触公式

在使用公式与函数之前，需要先了解运算符的含义、公式的运算顺序、单元格的引用等知识。

■7.1.1　运算符

运算符是公式中各个运算对象的纽带，Excel运算符包括四类：算术运算符、比较运算符、文本运算符和引用运算符。

算术运算符能完成基本的数学运算，包括加、减、乘、除和百分比等，见表7-1。

比较运算符用于比较两个值，结果返回逻辑值TRUE或FALSE。满足条件则返回逻辑值TRUE，未满足条件则返回逻辑值FALSE，见表7-2。

表7-1

算术运算符	含义	示例
+（加号）	加法	A1+B1
-（减号）	减法	A1-B1
*（乘号）	乘法	A1*B1
/（除号）	除法	A1/B1
%（百分号）	百分比	25%
^（脱字号）	乘幂	2^3=8

表7-2

比较运算符	含义	示例
=（等于号）	等于	A1=B1
>（大于号）	大于	A1>B1
<（小于号）	小于	A1<B1
>=（大于等于号）	大于或等于	A1>=B1
<=（小于等于号）	小于或等于	A1<=B1
<>（不等于号）	不等于	A1<>B1

文本运算符表示使用&（和号）连接多个字符，生成一个文本，见表7-3。

表7-3

文本运算符	含义	示例
&（和号）	将多个值连接为一个连续的文本值	"Excel" & "2019" 的结果为 Excel2019

引用运算符主要用于在工作表中进行单元格或区域之间的引用，见表7-4。

表7-4

引用运算符	含义	示例
:（冒号）	区域运算符，生成对两个引用之间的单元格的引用，包括这两个引用	A1:A10
,（逗号）	联合运算符，将多个引用合并为一个引用	SUM(A1:B10,C4:G4)
（空格）	交叉运算符，生成对两个引用共同的单元格引用	A1:A10 C1:C10

■7.1.2 公式的运算顺序

公式输入完成后，在执行计算时，公式的运算是遵循特定的先后顺序的。公式的运算顺序不同，得到的结果也不同。公式的运算顺序是按照特定次序计算值的，通常情况下公式是由从左向右的顺序进行运算，如果公式中包含多个运算符，则要按照一定规则的次序进行计算。如果公式中包含相同优先级的运算符，如包含乘和除、加和减等，则顺序为从左到右进行计算。

如果需要更改运算的顺序，可以通过添加括号的方法。例如，5+2*5计算的结果是15，该公式运算的顺序为先乘法、再加法，先计算2*5，再计算5+10。如果将公式添加括号，(5+2)*5的计算结果则为35，该公式的运算顺序为先加法、再乘法，先计算 5+2，再计算7*5。

■7.1.3 单元格的引用

Excel中单元格的引用方式有三种：相对引用、绝对引用和混合引用。

相对引用是基于包含公式和单元格引用的相对位置，即公式所在的单元格位置发生改变，所引用的单元格位置也随之改变。如果多行或多列地复制或填充公式，引用会自动调整。例如，将C1单元格中的相对引用复制到C2单元格，公式将自动从"=A1"调整到"=A2"，如图7-1所示。

图7-1

绝对引用是引用单元格的位置不会随着公式所在单元格的变化而变化，如果多行或多列地复制或填充公式时，绝对引用的单元格也不会改变。例如，将C1单元格中的绝对引用复制到C2单元格，该绝对引用在两个单元格中一样，如图7-2所示。

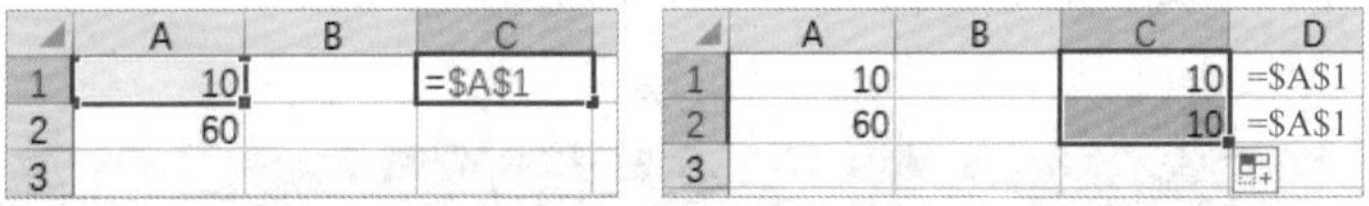

图7-2

混合引用是既包含相对引用又包含绝对引用的混合形式，混合引用具有绝对列和相对行或绝对行和相对列两种。如果公式所在单元格的位置改变，则相对引用将改变，而绝对引用不变，如利用混合引用计算各季度占全年的百分比值，如图7-3所示。

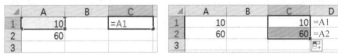

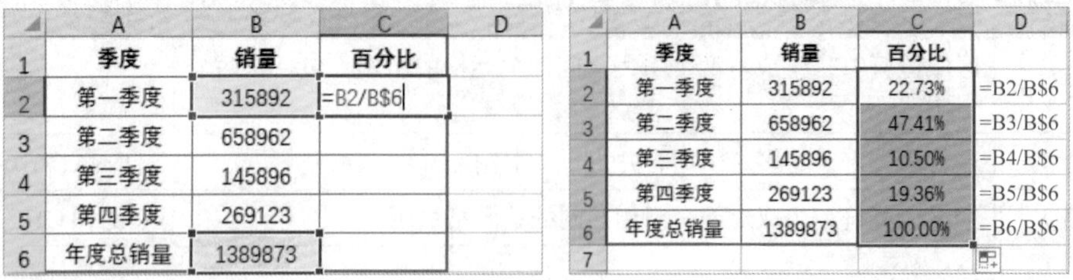

图7-3

知识拓展

当列号前面加$符号时，无论复制到什么地方，列的引用保持不变，行的引用自动调整；当行号前面加$符号时，无论复制到什么地方，行的引用保持不变，列的引用自动调整。

7.1.4　应用公式

在对公式有了初步的了解后，下面将讲解一下公式的应用，如输入公式、编辑公式和复制公式。

用户可以在选中的单元格中直接输入公式，如选中I3单元格，先输入"="，然后继续输入计算销售利润的公式"(G3-F3)*H3"，按Enter键后就可以计算出结果，如图7-4所示。

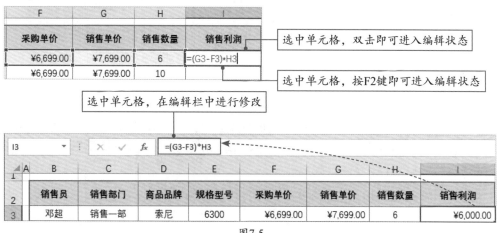

图7-4

当需要对输入的公式进行编辑或修改时，可以使用双击修改法、F2功能键法和编辑栏修改法，如图7-5所示。

图7-5

对表格中的某列或某行应用相同的公式时，通常采用复制公式的方法。常用复制公式的方法包括填充命令法，如图7-6所示；鼠标拖拽法，如图7-7所示；双击填充法，如图7-8所示。

图7-6

图7-7

图7-8

■7.1.5 公式审核

公式审核是Excel"公式"选项卡中的一组命令，包括"追踪引用单元格""追踪从属单元格""错误检查"等。

"追踪引用单元格"用于指示哪些单元格会影响当前所选单元格的值。例如，选择B6单元格，在"公式"选项卡中单击"追踪引用单元格"按钮，从出现的箭头可以看出B6单元格所引用的单元格，如图7-9所示。

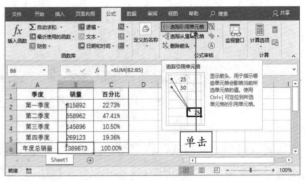

图7-9

知识拓展

如果用户想要删除追踪单元格的箭头，可以在"公式审核"选项组中单击"删除箭头"按钮，如图7-10所示。或者单击"保存"按钮，箭头就不再显示了。

图7-10

"追踪从属单元格"用于指示哪些单元格受当前所选单元格的值的影响。例如，选中B6单元格，单击"追踪从属单元格"按钮，从箭头的指向可以看到受B6单元格影响的单元格，如图7-11所示。

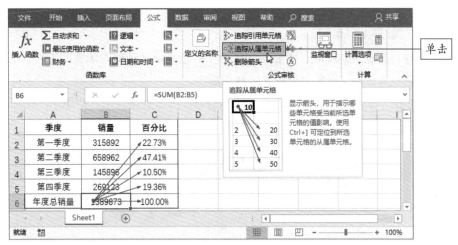

图7-11

"错误检查"功能能够及时地检查出存在问题的公式，以便修正。如果检查出错误，则会自动弹出"错误检查"对话框，核实后，再对错误的公式进行编辑，或者直接忽略错误，如图7-12所示。

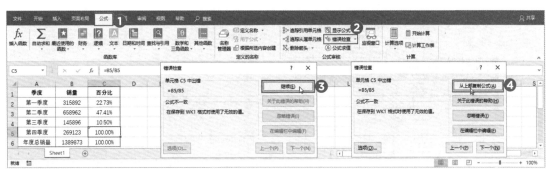

图7-12

7.2 函数入门必学

　　函数是预先定义好的公式，使用函数可以提高编辑速度，允许"有条件地"运行公式。下面就来了解一下函数的相关知识。

■ 7.2.1 输入函数

　　使用函数计算相关数据时，需要输入函数。这里介绍几种输入函数的方法，如手动输入、使用公式记忆输入、通过函数向导输入、自动输入。

　　对于一些简单的函数，如果熟悉其语法和参数，可以直接在单元格中手动输入，如选择H2单元格，直接输入公式"=SUM(C2:G2)"即可，如图7-13所示。

	A	B	C	D	E	F	G	H	
1		姓名	工作能力得分	协调性得分	责任感得分	积极性得分	执行能力得分	总分	← 直接输入函数
2		邓超	95.20	78.30	75.20	67.40	79.03	=SUM(C2:G2)	
3		唐小明	70.90	89.30	75.30	70.20	76.43		
4		李梦	58.50	65.80	75.20	89.60	72.28		
5		李志	73.70	93.30	76.20	89.30	83.13		
6		孙可欣	90.90	86.20	78.90	80.50	84.13		

图7-13

　　对于一些比较复杂的函数，往往不清楚如何正确输入函数的表达式，此时可以通过函数向导来完成函数的输入。只需单击编辑栏左侧的"插入函数"按钮，或者在"公式"选项卡中单击"插入函数"按钮，打开"插入函数"对话框，选择好函数的类别，然后找到需要的函数，并设置好函数的相关参数即可，如图7-14所示。

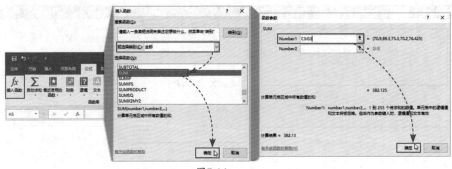

图7-14

用户还可以使用公式记忆输入。当在单元格中输入函数的第一个字母时，系统会自动在其单元格下方列出以该字母开头的函数列表，在列表中选择需要的函数并输入即可，如图7-15所示。在此需要注意的是，在可以拼写出函数前几个字母的情况下可以使用这种方法。

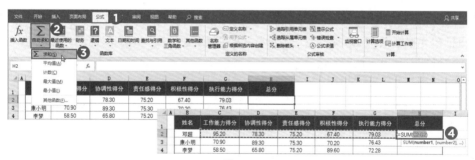

图7-15

Excel功能区中提供了一些对数据进行求和、求平均值、求最大值、求最小值的自动计算功能选项。用户可以直接进行计算而无需输入相应的参数，即可得到需要的结果。例如，在"公式"选项卡中单击"自动求和"下拉按钮，在列表中选择需要的计算选项，即可快速向单元格中插入相应的函数，并根据数据表的数据自动生成公式，如图7-16所示。

图7-16

7.2.2　查看函数用途

如果用户不太清楚一些函数的用途，可以按组合键Shift+F3打开"插入函数"对话框，在"选择函数"列表框中选择一个函数，在下方就会出现对这个函数的作用进行说明的一段描述，如图7-17所示。

图7-17

■ 7.2.3　了解函数类型

Excel 2019中的函数共包含13种类型，分别是财务函数、逻辑函数、文本函数、日期和时间函数、查找与引用函数、数学和三角函数函数、统计函数、数据库函数、工程函数、多维数据集函数、信息函数、兼容性函数和Web函数。了解这些函数的类型后，就可以在计算数据时快速联想到Excel函数库内有没有相关类型的函数。用户可以在"公式"选项卡的"函数库"选项组中对函数的种类进行查看，如图7-18所示。

图7-18

■ 7.2.4　为单元格区域命名

为单元格区域命名可以简化公式的运算。只需在"公式"选项卡的"定义的名称"选项组中单击"定义名称"按钮，在打开的"新建名称"对话框中设置"名称"和"引用位置"即可，这里把单元格区域B2:B5命名为"销量"，求"年度总销量"时，只需输入公式"=SUM(销量)"就可以计算出结果，如图7-19所示。

图7-19

知识拓展

如果用户想要删除定义的名称，可以在"公式"选项卡中单击"名称管理器"按钮，在打开的"名称管理器"对话框中选择需要删除的名称，然后单击"删除"按钮即可，如图7-20所示。

图7-20

7.3 常用函数的介绍

Excel 2019中包含了13种函数类型，如财务函数、逻辑函数、文本函数、日期和时间函数等，下面就对一些常用的函数进行介绍。

7.3.1 日期和时间函数

扫码观看视频

日期和时间函数是指在公式中用来分析和处理日期值和时间值的函数。日期和时间函数是Excel中的主要函数类型之一。常用的日期和时间函数包括DATE、DAY、TODAY、YEAR等。

例如，为"现金流量表"添加制作时间。选择E2单元格，输入公式"=TODAY()"，按Enter键后即可显示结果，如图7-21所示。

图7-21

知识拓展

TODAY函数的作用就是返回当前日期，在使用时不需要任何参数。
语法格式为：=TODAY()

7.3.2 查找与引用函数

扫码观看视频

使用查找与引用函数可以查找表格中的特定数值或某一单元格的引用，常用的引用函数包括CHOOSE、INDEX、LOOKUP、VLOOKUP、MATCH、OFFSET等。

例如，在"销售业绩统计表"中使用VLOOKUP函数查找出销售员本月的销售利润。选择L3单元格，输入公式"=VLOOKUP(K3,$B$3:$I$18,8,FALSE)"，按Enter键即可计算出结果，然后向下填充公式即可，如图7-22所示。

图7-22

VLOOKUP函数是Excel中的一个纵向查找函数，它与LOOKUP函数和HLOOKUP函数属于一类函数。

VLOOKUP函数用于按列进行查找，最终返回该列所需查询列序所对应的值；与之对应的HLOOKUP是按行查找的。

语法格式为：VLOOKUP(lookup_value,table_array,col_index_num,range_lookup)

参数说明：

- lookup_value：需要在数据表第一列中进行查找的数值。lookup_value 可以为数值、引用或文本字符串。当VLOOKUP函数的第一参数省略查找值时，表示用0查找。
- table_array：需要在其中查找数据的数据表。使用对区域或区域名称的引用。
- col_index_num：表示在table_array中查找数据的数据列序号。col_index_num为1时，返回table_array第一列的数值；col_index_num为2时，返回table_array第二列的数值；以此类推。如果col_index_num小于1，函数VLOOKUP返回错误值#VALUE!；如果col_index_num大于table_array的列数，函数VLOOKUP返回错误值#REF!。
- range_lookup：逻辑值，指明函数VLOOKUP查找时是精确匹配还是近似匹配。如果为FALSE或0，则返回精确匹配；如果找不到，则返回错误值#N/A；如果为TRUE或1，函数VLOOKUP将查找近似匹配值。也就是说，如果找不到精确匹配值，则返回小于lookup_value的最大数值；如果range_lookup省略，则默认为近似匹配。

■7.3.3 文本函数

文本函数是指通过函数可以在公式中处理文字串（可以改变大小写或确定文字串的长度）。常用的文本函数包括FIND、LEFT、LEN、MID等。

扫码观看视频

例如，从表格中提取"类别编码"。选择B2单元格，输入公式"=LEFT(C2,4)"，按Enter键即可计算出结果，如图7-23所示。

	A	B	C	D
1		类别编码	编码	类别名称
2		=LEFT(C2,4	DSSF0023612	牛奶
3			DSSF0023613	牛奶
4			DSSC0023614	酸奶
5			DSSC0023615	酸奶
6			DSSG0023616	果汁
7			DSSG0023617	果汁
8			DSSM0023618	饮料

	A	B	C	D
1		类别编码	编码	类别名称
2		DSSF	DSSF0023612	牛奶
3		DSSF	DSSF0023613	牛奶
4		DSSC	DSSC0023614	酸奶
5		DSSC	DSSC0023615	酸奶
6		DSSG	DSSG0023616	果汁
7		DSSG	DSSG0023617	果汁
8		DSSM	DSSM0023618	饮料
9				

图7-23

LEFT函数用来返回字符串左侧指定个数的字符。

语法格式为：LEFT(string, n)

参数说明：

● string：必要参数，字符串表达式中左边哪些字符将被返回。如果string包含Null，将返回Null。

● n：必要参数，指出将返回多少个字符。如果为0，返回零长度字符串("")；如果大于或等于string的字符数，则返回整个字符串。

7.3.4　逻辑函数

使用逻辑函数可以进行真假值的判断，常用的逻辑函数包括AND、IF、OR、NOT等。

例如，判断表格中的产品是否合格。选择H2单元格，输入公式“=IF(G2>2%,"不合格","合格")”，按Enter键即可计算出结果，如图7-24所示。

SUM　=IF(G2>2%,"不合格","合格")

	B	C	D	E	F	G	H
1	日期	车间	型号	生产总数	报废数量	报废率	是否合格
2	2019/8/1	电极车间	CD50B正	4879	189	=IF(G2>2%,"不合格","合格")	
3	2019/8/1	电极车间	CD80C负	7542	30	0.40%	
4	2019/8/1	电极车间	CD105C	1854	161	8.68%	
5	2019/8/1	装配车间	CD50B	5219	5	0.10%	
6	2019/8/1	装配车间	CD80A	4324	7	0.16%	
7	2019/8/1	电芯车间	CD80B	8652	68	0.79%	
8	2019/8/2	电极车间	CD80C正	1131	22	1.95%	
9	2019/8/2	电极车间	CD50B负	1199	78	6.51%	
10	2019/8/2	电极车间	CD80A负	7124	270	3.79%	
11	2019/8/2	装配车间	CD50B	1155	7	0.61%	
12	2019/8/2	装配车间	CD105C	576	10	1.74%	
13	2019/8/2	电芯车间	CD105B	5873	250	4.26%	
14	2019/8/2	电芯车间	CD105A	1512	4	0.26%	
15	2019/8/2	电芯车间	CD105C	1422	50	3.52%	
16	2019/8/2	电芯车间	CD50B	3023	5	0.17%	
17	2019/8/3	电极车间	NE42B	5222	9	0.17%	
18	2019/8/3	电极车间	CD80A负	6846	365	5.33%	
19	2019/8/3	电极车间	CD105C正	2393	94	3.93%	
20	2019/8/3	装配车间	CD50B	4797	6	0.13%	

D	E	F	G	H
型号	生产总数	报废数量	报废率	是否合格
CD50B正	4879	189	3.87%	不合格
CD80C负	7542	30	0.40%	合格
CD105C	1854	161	8.68%	不合格
CD50B	5219	5	0.10%	合格
CD80A	4324	7	0.16%	合格
CD80B	8652	68	0.79%	合格
CD80C正	1131	22	1.95%	合格
CD50B负	1199	78	6.51%	不合格
CD80A负	7124	270	3.79%	不合格
CD50B	1155	7	0.61%	合格
CD105C	576	10	1.74%	合格
CD105B	5873	250	4.26%	不合格
CD105A	1512	4	0.26%	合格
CD105C	1422	50	3.52%	不合格
CD50B	3023	5	0.17%	合格
NE42B	5222	9	0.17%	合格
CD80A负	6846	365	5.33%	不合格
CD105C正	2393	94	3.93%	不合格
CD50B	4797	6	0.13%	合格

图7-24

知识拓展

IF函数的作用是根据指定的条件来判断其“真”（TRUE）或“假”（FALSE），根据逻辑计算的真假值，从而返回相应的内容。可以使用IF函数对数值和公式进行条件检测。

语法格式为：IF(logical_test,value_if_true,value_if_false)

参数说明：

● logical_test：表示计算结果为 TRUE 或 FALSE 的任意值或表达式。

● value_if_true：logical_test为TRUE时返回的值。

● value_if_false：logical_test为FALSE时返回的值。

7.3.5　数学和三角函数函数

使用数学和三角函数，可以处理一些简单的数据运算。常用的数学和三角函数包括SUM、SUMIF、SUMPRODUCT等。例如，根据表格中的数据求出张玉的销售总额。选择G3单元格，输入公式“=SUMIF(C3: C14,"张玉",E3:E14)”，按Enter键即可求出计算结果，如图7-25所示。

图7-25

知识拓展

SUMIF函数的作用是根据指定条件对若干单元格、区域或引用求和。

语法格式为：SUMIF(range, criteria, sum_range)

参数说明：range表示条件区域，用于条件判断的单元格区域；criteria表示求和条件，由数字、逻辑表达式等组成的判定条件，可以使用通配符；sum_range表示实际求和区域，需要求和的单元格、区域或引用。省略时，条件区域就是实际求和区域。

■7.3.6 财务函数

财务函数可以满足一般的财务计算，常用的财务函数包括FV、PMT、PV、DB等。例如，贴现率为3.20%，如果想要在10年后获得本利和为8万元，则现在需要存入银行多少钱？选择B6单元格，输入公式"=PV(B4,B5,0,-B3,0)"，按Enter键即可计算出结果，如图7-26所示。

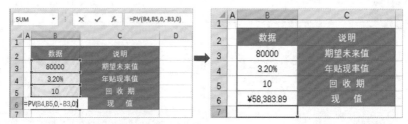

图7-26

知识拓展

PV函数返回投资的现值。

语法格式为：PV(rate,nper,pmt,fv,type)

参数说明：rate表示各期利率；nper表示总投资（或贷款）期，也就是该项投资的付款期总数；pmt表示各期所支付的金额；fv为未来值或最后一次支付后希望得到的现金余额；type表示各期付款时间是在期初还是期末，0或省略为期末，1为期初。

OK

Step 03 **填充公式。**按Enter键提取出"性别",接着再次选中F3单元格,将光标移至该单元格右下角,当鼠标光标变为十字形时,双击鼠标,如图7-29所示。

图7-28　　　　　　　　　　　　　　　　　　图7-29

Step 04 **查看结果。**可以看到,已经将所有员工的"性别"从"身份证号码"中提取了出来,如图7-30所示。

	工号	姓名	所属部门	职务	性别	手机号码	出生日期	年龄	生肖	星座	身份证号码
3	DS-001	张强	财务部	经理	男	12912016871					371313198510083111
4	DS-002	李华	销售部	经理	男	18851542169					362414199106120435
5	DS-003	李小	生产部	员工	女	13151111001					331113199204304327
6	DS-004	杨荣	办公室	经理	女	13251532011					130131198112097649
7	DS-005	艾佳	人事部	经理	女	13352323023					350132199809104661
8	DS-006	华龙	设计部	员工	男	13459833035					433126199106139871
9	DS-007	叶容	销售部	主管	女	13551568074					341512198610111282
10	DS-008	汪蓝	采购部	经理	男	13651541012					132951198808041137
11	DS-009	贺宇	销售部	员工	男	13754223089					320100199311095335
12	DS-010	张年	生产部	员工	男	13851547025					320513199008044353
13	DS-011	林恪	人事部	主管	女	13951523038					370600197112055364

员工信息表　　籍贯对照表

图7-30

公式解析:上面这个公式使用MID函数查找出身份证号码的第17位数字,然后用MOD函数将查找到的数字与2相除得到余数,最后用IF函数进行判断,并返回判断结果,当第17位数与2相除的余数等于1时,说明该数为奇数,返回"男",否则返回"女"。

2. 提取出生日期

身份证号码的第7～14位数字是出生日期,用户可以使用TEXT函数和MID函数提取出生日期,具体操作方法如下。

Step 01 **输入公式。**选择H3单元格,在编辑栏中输入公式"=TEXT(MID(L3,7,8), "0000-00-00")",如图7-31所示。

Step 02 **填充公式。**按Enter键计算出结果,然后将公式向下填充,提取出所有员工的出生日期,如图7-32所示。

图7-31

图7-32

公式解析： 上面这个公式使用MID函数从身份证号码中提取出代表生日的数字，然后用TEXT函数将提取出的数字以指定的文本格式返回。

3. 提取年龄

用户可以使用DATEDIF、TEXT、MID和TODAY函数，从身份证号码中提取年龄，具体操作方法如下。

Step 01 输入公式。 选择I3单元格，输入公式 "=DATEDIF(TEXT(MID(L3,7,8),"0000-00-00"),TODAY(),"y")"，如图7-33所示。

Step 02 填充公式。 按Enter键计算出结果，然后将公式向下填充，提取出所有员工的年龄，如图7-34所示。

图7-33

图7-34

公式解析： 上面这个公式使用MID函数从身份证号码中提取出生日期，用TEXT函数将出生日期转换为文本格式，再使用TODAY函数计算出当前日期，最后使用DATEDIF函数计算出生日期和当前日期的差，以年的形式返回，即年龄。

4. 提取生肖

用户可以使用CHOOSE函数从身份证号码中提取生肖，具体操作方法如下。

Step 01 输入公式。 选择J3单元格，输入公式 "=CHOOSE(MOD(MID(L3,7,4)-2008,12)+1,"鼠","牛","虎","兔","龙","蛇","马","羊","猴","鸡","狗","猪")"，如图7-35所示。

Step 02 填充公式。按Enter键计算出结果，并向下填充公式，提取出所有员工的生肖信息，如图7-36所示。

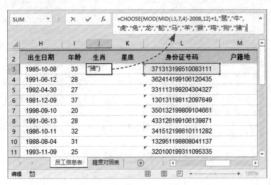 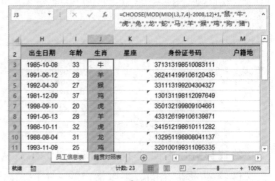

图7-35   图7-36

公式解析： 生肖与出生年份相关，计算生肖需要先从身份证号码中提取出生年份。12个动物生肖是已知的且位置固定，生肖"鼠"排在第1位，2008年是鼠年，每轮有12年，与12相除的余数加1，结果所对应的就是属相。

5. 提取星座

用户可以使用LOOKUP函数从身份证号码中提取星座信息，具体操作方法如下。

Step 01 输入公式。选择K3单元格，输入公式"=LOOKUP(--MID(L3,11,4), {100;120;219;321;421;521;622;723;823;923;1023;1122;1222},{"摩羯座";"水瓶座";"双鱼座";"白羊座";"金牛座";"双子座";"巨蟹座";"狮子座";"处女座";"天秤座";"天蝎座";"射手座";"摩羯座"})"，如图7-37所示。

Step 02 查看结果。按Enter键计算出结果，并向下填充公式，提取出所有员工的星座信息，如图7-38所示。

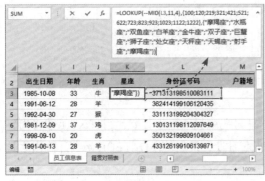 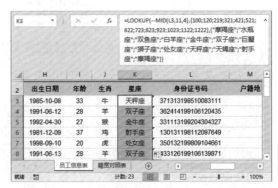

图7-37   图7-38

公式解析： 星座和出生月份及日期有关系，因此用户第一步要做的就是提取身份证号码中的出生月份和日期。其与提取生肖相同，然后编制一个出生日期和星座对应的列表，最后使用LOOKUP函数进行匹配。

6. 提取户籍地

身份证号码的前4位是省份和地区代码，不同的代码对应不同的省份和地区。在提取户籍地之前，用户必须要获取一份准确的代码对照表，本案例创建了一个"籍贯对照表"工作表，可以使用VLOOKUP函数从中提取对应的户籍地信息，具体操作方法如下。

Step 01 输入公式。选择M3单元格，输入公式"=VLOOKUP(VALUE(LEFT(L3,4)),籍贯对照表!$A$2:$B$536,2)"，如图7-39所示。

Step 02 查看结果。按Enter键计算出结果，然后向下填充公式，提取出所有员工的户籍地信息，如图7-40所示。

图7-39　　　　　　　　　　　图7-40

公式解析： 用户使用LEFT函数提取身份证号码前4位数后，然后使用VALUE函数将其转换成数值，最后使用VLOOKUP函数在"籍贯对照表"工作表中查找对应的户籍地信息。

7. 提取退休日期

提取退休日期的时候，考虑到不同地区的退休年龄不同，或者可能发生延迟退休的情况，需要对公式作一下说明：本公式以男性60岁、女性50岁退休作为计算标准。大家在套用本公式时可以根据实际情况自行修改。

Step 01 输入公式。选择N3单元格，输入公式"=EDATE(TEXT(MID(L3,7,8),"0!/00!/00"),MOD(MID(L3,15,3),2)*120+600)"，如图7-41所示。

Step 02 填充公式。按Enter键计算出结果，并向下填充公式，提取出所有员工的退休日期，如图7-42所示。

图7-41　　　　　　　　　　　图7-42

公式解析： 上面的公式中出现的600表示600个月，也就是50年，MOD函数结合MID函数，计算出性别码的奇偶性，结果是1或0，再用1或0乘以120个月（10年）。如果性别是男，则是1*120+600，结果是720（60年）；如果性别是女，则是0*120+600，结果是600（50年）。

Step 03 设置日期类型。此时，可以看到"退休日期"列中的数据不是以日期形式显示的。只需打开"设置单元格格式"对话框，从中设置"日期"类型即可，如图7-43所示。

	J	K	L	M	N
2	生肖	星座	身份证号码	户籍地	退休日期
3	牛	天秤座	371313198510083111	山东临沂	2045-10-08
4	羊	双子座	362414199106120435	江西吉安	2051-06-12
5	猴	金牛座	331113199204304327	浙江丽水	2042-04-30
6	鸡	射手座	130131198112097649	河北石家庄	2031-12-09
7	虎	处女座	350132199809104661	福建福州	2048-09-10
8	羊	双子座	433126199106139871	湖南湘西	2036-10-11
9	虎	天秤座	341512198610111282	安徽六安	2036-10-11
10	龙	狮子座	132951198808041137	河北沧州	2048-08-04
11	鸡	天蝎座	320100199311095335	江苏南京	2053-11-09
12	马	狮子座	320513199008044353	江苏苏州	2050-08-04

员工信息表 | 籍贯对照表

图7-43

7.4.2 处理员工的手机号码

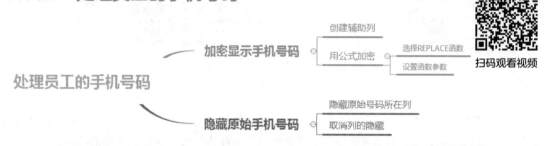

```
                              创建辅助列
          加密显示手机号码 ○── 用公式加密   ── 选择REPLACE函数
                                           ── 设置函数参数
处理员工的手机号码
                              隐藏原始号码所在列
          隐藏原始手机号码 ○── 取消列的隐藏
```

扫码观看视频

员工信息表中的一些信息如果不想公开显示，可以为其设置加密显示，如将"手机号码"设置中间四位数以"*"显示。

Step 01 创建辅助列。在"手机号码"列的右侧插入一个空白列H，并输入相同的列标题，如图7-44所示。

Step 02 启动"插入函数"命令。选择H3单元格，打开"公式"选项卡，单击"插入函数"按钮，如图7-45所示。

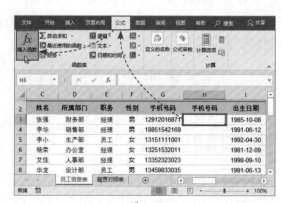

图7-44

图7-45

Step 03 选择函数。 打开"插入函数"对话框,在"或选择类别"列表中选择"文本"选项,然后在"选择函数"列表框中选择REPLACE函数,单击"确定"按钮,如图7-46所示。

Step 04 设置函数参数。 弹出"函数参数"对话框,从中设置各个参数,设置完成后,单击"确定"按钮,如图7-47所示。

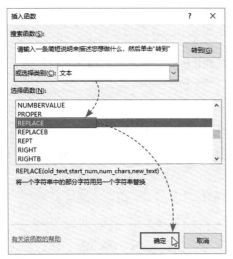

图7-46

图7-47

Step 05 查看结果。 返回工作表,可以看到手机号的第4~7位数字以"*"显示,然后将H3单元格中的公式向下填充即可,如图7-48所示。

Step 06 隐藏G列。 选中G列,右击,从弹出的快捷菜单中选择"隐藏"命令即可,如图7-49所示。

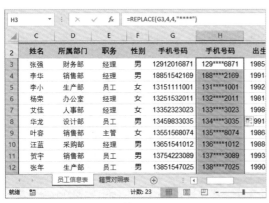

图7-48

图7-49

■7.4.3 查询员工信息

制作好员工信息表后,为了方便查看每个员工的信息,用户可以创建一个"员工信息查询"表格。下面将介绍具体的操作方法。

扫码观看视频

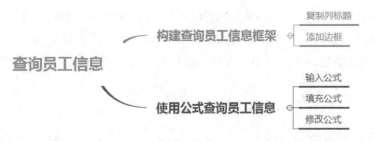

Step 01 **构建框架。** 复制员工信息表的列标题，将其粘贴在B30单元格，然后构建表格框架，如图7-50所示。

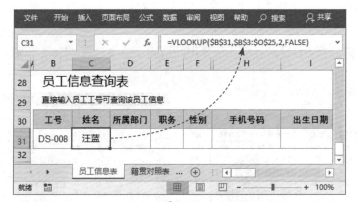

图7-50

Step 02 **输入公式。** 在B31单元格中先输入要查询的员工工号，然后选择C31单元格，输入公式"=VLOOKUP($B$31,$B$3:$O$25,2,FALSE)"，按Enter键确认，如图7-51所示。

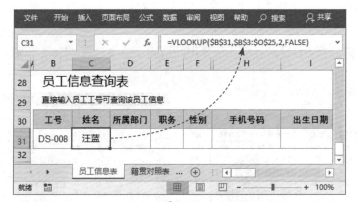

图7-51

Step 03 **填充公式。** 将C31单元格中的公式向右填充到O31单元格，如图7-52所示。

图7-52

164

公式解析： 使用VLOOKUP函数在员工信息表中对工号进行查询，其中，第3个参数"2"表示要查询的内容在查询区域中所处的列位置，FALSE表示精确查找。

Step 04 **查看结果。** 依次修改单元格区域D31:O31的公式，将公式中的第3个参数修改成要查询的内容在查询表（员工信息表! $B$3:$O$25）中所处列的位置，最后查看显示结果，如图7-53所示。

图7-53

● **新手误区：** 显示查询结果的时候，"退休日期"列显示的不是日期格式，如图7-54所示。这时需要用户手动设置单元格格式，将其设置为日期类型。

图7-54

ⓔ 课后作业

通过对本章内容的学习，大家熟悉了一些常用函数的应用方法与技巧，接下来根据要求尝试制作一份"个人所得税表"。

操作提示

（1）计算"应纳税所得额"。

（2）计算"税率"。

（3）计算"速算扣除数"。

（4）计算"代扣个人所得税"。

效果参考

原始效果

最终效果

Tips

在制作过程中，如有疑问，可以与我们进行交流（QQ群号：728245398）。

第 8 章

Excel 数据的图形化展示

　　Excel 2019为用户提供了多种图表类型，如柱形图、条形图、饼图、折线图等，用户可以根据实际情况使用图表来展示数据，这样可以使抽象、繁琐的数据变得更直观、具体，有助于理解和记忆数据。本章内容将对图表的创建、美化和迷你图的应用进行详细的介绍。

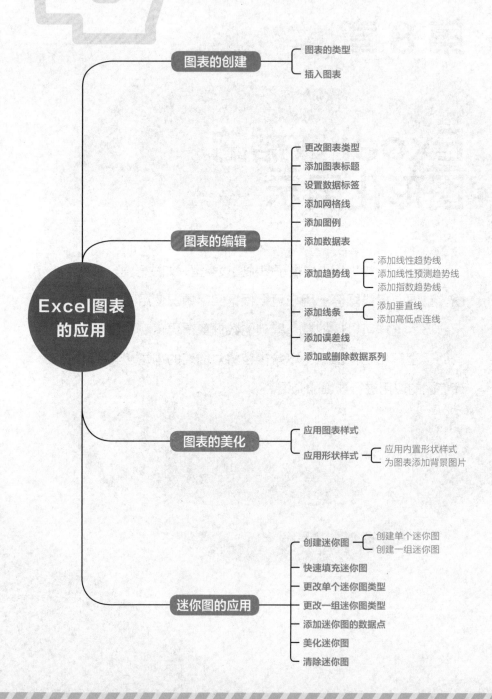

图表的创建
- 图表的类型
- 插入图表

图表的编辑
- 更改图表类型
- 添加图表标题
- 设置数据标签
- 添加网格线
- 添加图例
- 添加数据表
- 添加趋势线
  - 添加线性趋势线
  - 添加线性预测趋势线
  - 添加指数趋势线
- 添加线条
  - 添加垂直线
  - 添加高低点连线
- 添加误差线
- 添加或删除数据系列

Excel图表的应用

图表的美化
- 应用图表样式
- 应用形状样式
  - 应用内置形状样式
  - 为图表添加背景图片

迷你图的应用
- 创建迷你图
  - 创建单个迷你图
  - 创建一组迷你图
- 快速填充迷你图
- 更改单个迷你图类型
- 更改一组迷你图类型
- 添加迷你图的数据点
- 美化迷你图
- 清除迷你图

🅔 知识速记

8.1 创建图表

图表是数据的图形化展示，Excel 2019提供了16种图表类型，用户可以根据需要进行创建，并且可以修改图表布局、更改图表类型等。

■8.1.1 插入图表

用户可以通过"推荐的图表"功能来插入图表，只需选择数据区域，然后在"插入"选项卡中单击"推荐的图表"按钮，在打开的"插入图表"对话框中选择需要的图表类型即可，如图8-1所示。

此外，还可以在功能区中选择合适的图表类型来插入图表，如图8-2所示。

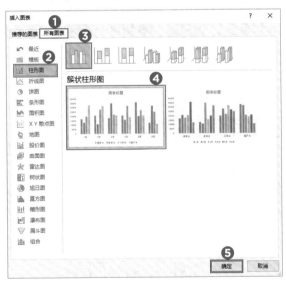

图8-1   图8-2

知识拓展

选中数据区域，然后按组合键Alt+F1即可在数据所在的工作表中创建一个图表。按功能键F11，可以创建一个名为Chart1的图表工作表。

■8.1.2 修改图表布局

如果用户对默认的图表布局不满意，可以对其进行修改，如为图表添加数据标签、网格线、趋势线等。

在"图表工具-设计"选项卡的"图表布局"选项组中单击"添加图表元素"下拉按钮，从列表中选择"数据标签"选项即可在图表中添加数据标签，如图8-3所示。

在"图表布局"选项组中单击"添加图表元素"下拉按钮，从列表中选择"网格线"选项，并根据需要选择合适的网格线类型，可以为图表添加网格线，如图8-4所示。

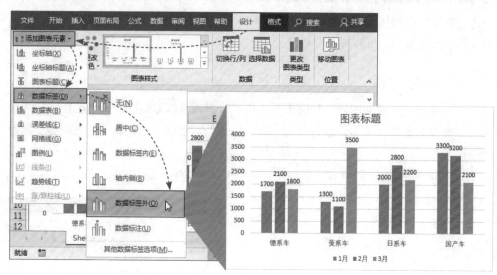

图8-3

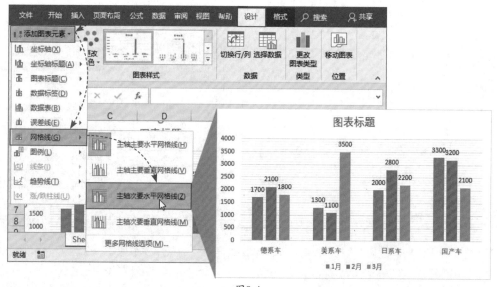

图8-4

在"图表布局"选项组中单击"添加图表元素"下拉按钮，从列表中选择"趋势线"选项，并从其级联列表中选择需要的线型，可以为图表添加趋势线，如图8-5所示。

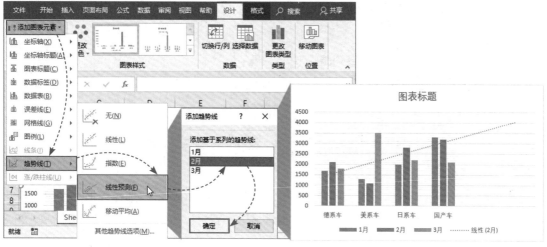

图8-5

知识拓展

趋势线主要适用于非堆积的二维图表，如面积图、条形图、柱形图、折线图、散点图等。

■8.1.3　添加和删除数据系列

创建图表后，用户可以根据需要添加或删除任何的数据系列。

如果用户需要删除数据系列，则选中需要删除的数据系列，右击，从弹出的快捷菜单中选择"删除"命令即可，如图8-6所示。

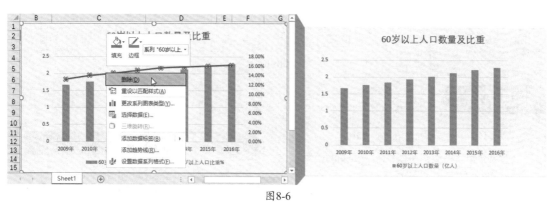

图8-6

此外，用户还可以在"选择数据源"对话框中删除数据系列。单击"设计"选项卡中的"选择数据"按钮，打开"选择数据源"对话框，在"图例项（系列）"列表框中取消勾选需要删除的数据系列即可,如图8-7所示。

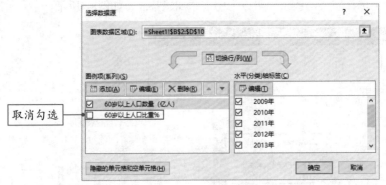

图8-7

如果用户想要添加数据系列,则可以在"设计"选项卡中单击"选择数据"按钮,打开"选择数据源"对话框,重新选择"图表数据区域",就可以为图表添加数据系列,如图8-8所示。

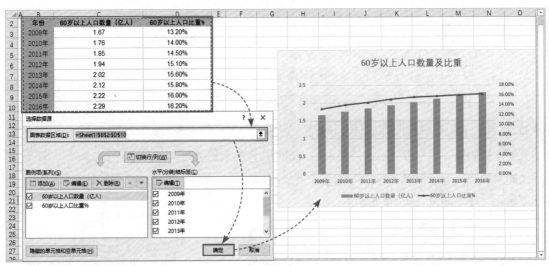

图8-8

知识拓展

在"设计"选项卡的"数据"选项组中单击"切换行/列"按钮,可以将图表中的图例项和水平轴数据进行互换,如图8-9所示。

图8-9

■8.1.4　更改图表类型

当创建的图表不能直观地展示数据时，无需重新创建，只需更改图表类型即可。在"设计"选项卡中单击"更改图表类型"按钮，在打开的"更改图表类型"对话框中选择合适的图表类型即可，如图8-10所示。

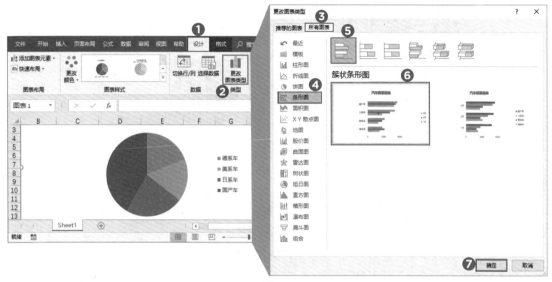

图8-10

8.2 美化图表

创建的图表一般都是系统默认的样式，如果用户觉得不是很美观，可以自己手动美化图表或使用系统内置的样式美化图表。

■8.2.1　设置图表样式

Excel提供了多种内置的图表样式，用户可以直接将样式应用到创建的图表上。在"图表工具-设计"选项卡中，单击"图表样式"选项组的"其他"按钮，从展开的列表中选择合适的图表样式即可，如图8-11所示。

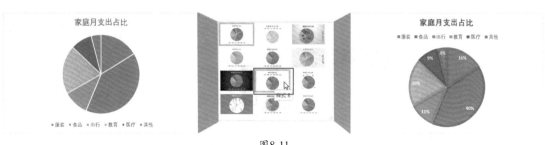

图8-11

此外，在"图表样式"选项组中单击"更改颜色"下拉按钮，从列表中选择需要的调色板，可以快速更改图表中数据系列的颜色，如图8-12所示。

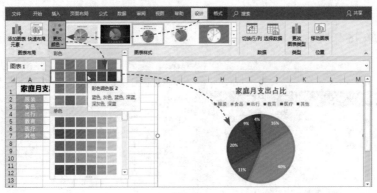

图8-12

■8.2.2 设置形状样式

如果用户不想使用内置的图表样式，可以手动设置图表中形状的样式来美化图表。例如，设置图表中数据系列的形状样式，或者设置图表区的形状样式。

选择图表中的数据系列，打开"图表工具-格式"选项卡，在"形状样式"选项组中设置数据系列的填充颜色、轮廓、效果等，如图8-13所示。

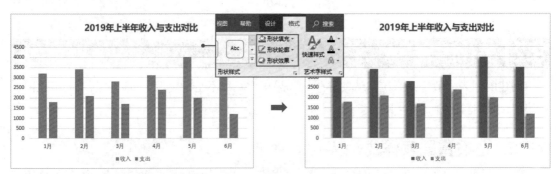

图8-13

或者选择数据系列后，在"形状样式"选项组中单击"其他"按钮，从列表中选择合适的样式，即可快速设置数据系列的形状样式，如图8-14所示。

图8-14

选择图表区域，右击，选择"设置图表区域格式"命令，在打开的"设置图表区格式"窗格中可以设置图表区的渐变填充颜色，如图8-15所示。

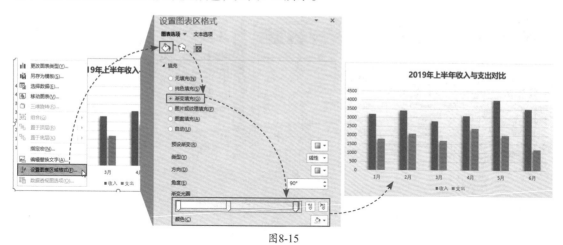

图8-15

知识拓展

　　用户还可以为图表添加背景图片，在"设置图表区格式"窗格中选中"图片或纹理填充"单选按钮，然后单击下方的"文件"按钮，在打开的"插入图片"对话框中选择合适的图片即可，如图8-16所示。

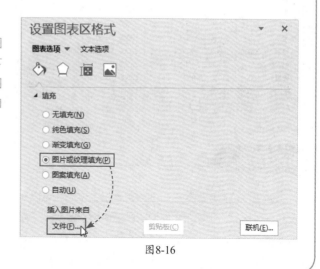

图8-16

8.3 迷你图的应用

　　迷你图是在单元格中直观地展示一组数据变化趋势的微型图表，它有三种类型，分别是折线迷你图、柱形迷你图和盈亏迷你图。

■8.3.1　创建迷你图

　　用户可以创建单个迷你图，也可以创建一组迷你图，其操作方法相似。

扫码观看视频

选择创建迷你图的单元格，在"插入"选项卡的"迷你图"选项组中单击"折线"按钮，打开"创建迷你图"对话框，从中设置"数据范围"即可创建单个迷你图，如图8-17所示。

图8-17

选择单元格区域，在"插入"选项卡中单击"折线"按钮，在打开的"创建迷你图"对话框中设置"数据范围"，即可创建一组迷你图，如图8-18所示。

图8-18

知识拓展

如果创建迷你图前没有选中单元格的位置，可以在"创建迷你图"对话框中设置创建位置，再选择数据区域。创建单个迷你图只能使用一行或一列数据作为数据源。

■8.3.2 填充迷你图

填充迷你图是在创建单个迷你图后，将该迷你图的特征填充至相邻的单元格区域。用户可以使用鼠标拖拽法或填充命令法进行填充。

创建单个折线迷你图后，选中迷你图所在单元格，将光标移至该单元格右下角，按住鼠标左键向下拖动鼠标，即可填充折线迷你图，如图8-19所示。

选择迷你图所在的单元格区域，在"开始"选项卡的"编辑"选项组中单击"填充"下拉按钮，从列表中选择"向下"选项即可填充迷你图，如图8-20所示。

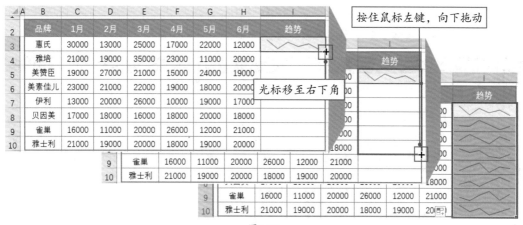

图8-19

图8-20

8.3.3　更改迷你图

创建迷你图后，如果觉得不合适，可以对迷你图进行更改。用户若是创建了一组迷你图，而只想要更改其中一个迷你图，则需要先取消迷你图的组合再进行更改，如图8-21所示。

扫码观看视频

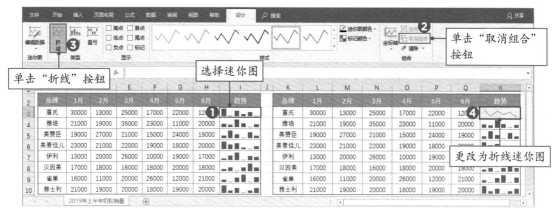

图8-21

若想要将一组迷你图全部更改，只需选中迷你图后，在"设计"选项卡中直接选择迷你图的类型，即可将一组迷你图全部更改为该迷你图类型，如图8-22所示。

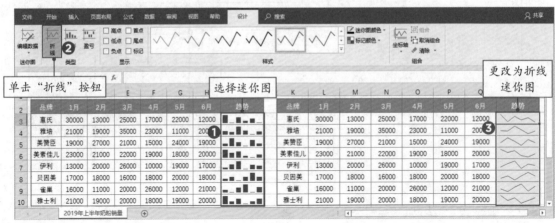

图8-22

■8.3.4 添加迷你图的数据点

创建的迷你图不会带有标记点，如果用户想要重点突出某个数据点，可以自己进行添加。在"设计"选项卡的"显示"选项组中勾选"标记"复选框，可以将所有的数据点全部显示出来，如图8-23所示。

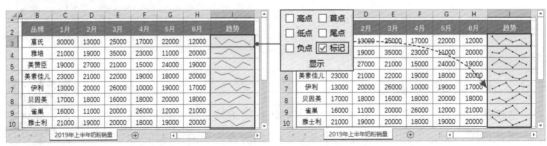

图8-23

如果用户想要标记特殊的数据点，如突出迷你图的高点和低点，只需在"显示"选项组中勾选"高点"和"低点"复选框即可，如图8-24所示。

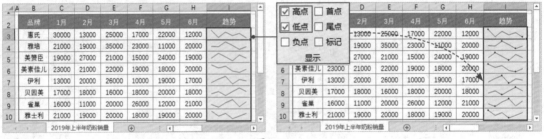

图8-24

● **新手误区**：如果已经勾选了"标记"复选框，则会显示所有的数据点，此时再标记特殊的数据点就没有效果了。用户必须先取消勾选"标记"复选框，然后再在"显示"选项组中勾选特殊数据点的复选框。

■8.3.5　美化迷你图

美化迷你图一般包括设置迷你图的颜色、粗细，更改标记点的颜色。选择迷你图后，在"设计"选项卡的"样式"选项组中单击"迷你图颜色"下拉按钮，从列表中可以设置迷你图的颜色和粗细，如图8-25所示。

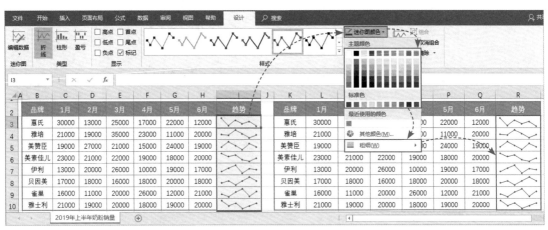

图8-25

在"样式"选项组中单击"标记颜色"下拉按钮，从列表中可以设置负点、标记、高点、低点、首点和尾点的颜色，如图8-26所示。

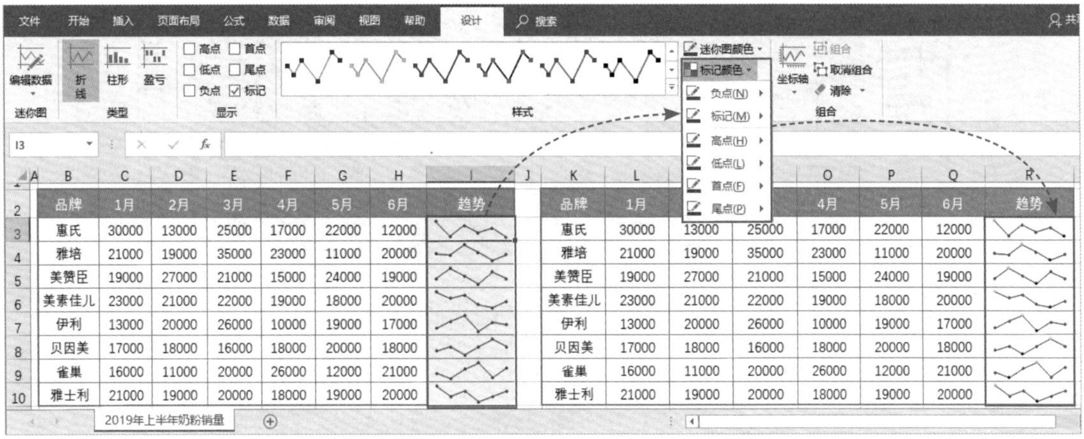

图8-26

知识拓展

除了自定义迷你图的样式外，用户还可以在"设计"选项卡的"样式"选项组中直接单击"其他"按钮，从列表中选择合适的迷你图样式，快速美化迷你图，如图8-27所示。

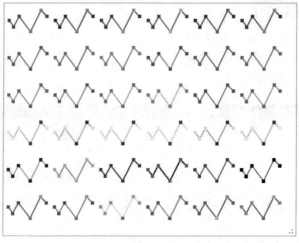

图8-27

■8.3.6　清除迷你图

当不再需要迷你图时，可以将其删除，只需在"设计"选项卡的"组合"选项组中单击"清除"下拉按钮，从列表中根据需要进行选择即可，如图8-28所示。

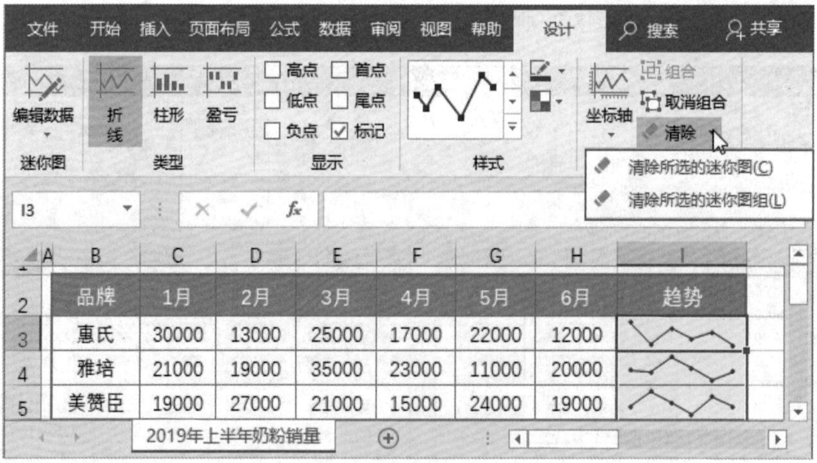

图8-28

● **新手误区：**有的用户会通过选择迷你图后按Delete键的方式清除迷你图，但这种方法并不能删除迷你图，需要使用"清除"命令才可以。

综合实战

8.4 制作区域销售额分析图表

为区域销售额创建图表和迷你图，可以很方便地查看各个区域的销售情况和销售趋势。其涉及图表的创建、美化和迷你图的创建、美化等设置操作。下面将向用户详细介绍制作流程。

8.4.1 创建销售额分析图表

首先用户需要制作一个区域销售额表格，然后根据表格中的数据插入图表，具体操作方法如下。

扫码观看视频

Step 01 启动"插入柱形图或条形图"命令。选择单元格区域B2:N7，打开"插入"选项卡，在"图表"选项组中单击"插入柱形图或条形图"下拉按钮，如图8-29所示。

Step 02 选择图表类型。从展开的列表中选择"簇状柱形图"选项，如图8-30所示。

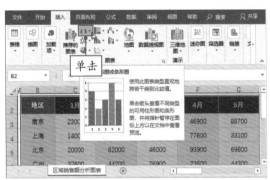
图8-29

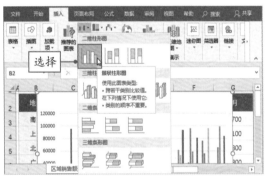
图8-30

Step 03 查看创建的图表。此时，可以看到工作表中插入了一个簇状柱形图，然后适当地调整图表的大小，如图8-31所示。

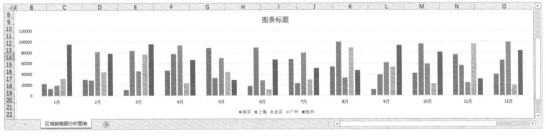
图8-31

8.4.2 图表的布局和美化

插入图表后，如果用户不想使用默认的图表布局，则可以对图表的布局进行设置，还可以美化图表。

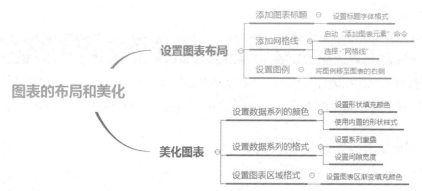

图表的布局和美化

设置图表布局 —— 添加图表标题 ○ 设置标题字体格式
添加网格线 —— 启动"添加图表元素"命令
　　　　　　 选择·网格线
设置图例 —— 将图例移至图表的右侧

美化图表 —— 设置数据系列的颜色 —— 设置形状填充颜色
　　　　　　　　　　　　　　　 使用内置的形状样式
　　　　 设置数据系列的格式 —— 设置系列重叠
　　　　　　　　　　　　　　 设置间隙宽度
　　　　 设置图表区域格式 ○ 设置图表区渐变填充颜色

1. 设置图表布局

用户可以为图表添加标题、添加网格线、设置图例等，具体操作方法如下。

Step 01 **添加标题。**选择图表上方的"图表标题"文本框，将文本更改为"区域销售额分析图表"，如图8-32所示。

Step 02 **设置标题字体格式。**选中标题文本，在"开始"选项卡中将字体设置为"微软雅黑"，字号设为"24"，然后加粗显示，如图8-33所示。

扫码观看视频

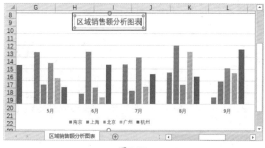

图8-32

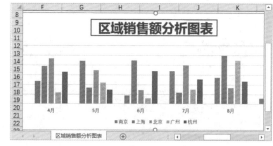

图8-33

Step 03 **添加网格线。**选中图表，打开"图表工具–设计"选项卡，在"图表布局"选项组中单击"添加图表元素"下拉按钮，从列表中选择"网格线"选项，并从其级联列表中选择"主轴主要垂直网格线"选项，如图8-34所示。

Step 04 **设置图例。**在"设计"选项卡中单击"添加图表元素"下拉按钮，从列表中选择"图例"选项，并从其级联列表中选择"右侧"选项，将图例移至图表的右侧，如图8-35所示。

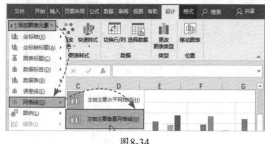

图8-34

图8-35

知识拓展

　　用户还可以快速更改图表的布局，即在"设计"选项卡中单击"快速布局"下拉按钮，从列表中选择合适的布局即可，如图8-36所示。

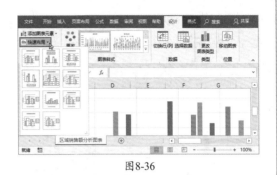

图8-36

Step 05 查看效果。 此时，可以查看设置图表布局的效果，如图8-37所示。

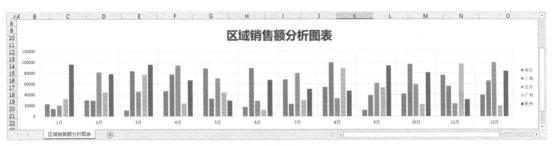

图8-37

2. 美化图表

　　设置好图表的布局后，接下来可以对图表进行美化，具体的操作方法如下。

Step 01 设置数据系列的颜色。 选择"南京"数据系列，打开"图表工具-格式"选项卡，在"形状样式"选项组中单击"形状填充"下拉按钮，从列表中选择合适的填充颜色，如图8-38所示。

扫码观看视频

Step 02 设置其他数据系列的颜色。 按照上述方法，设置其他数据系列的填充颜色，如图8-39所示。

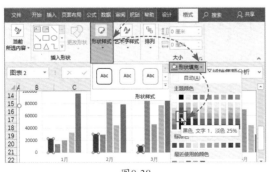

图8-38

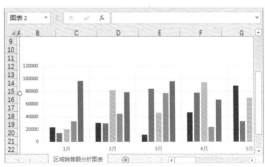

图8-39

Step 03 **设置数据系列的格式。**选中任意的数据系列，右击，从弹出的快捷菜单中选择"设置数据系列格式"命令，如图8-40所示。

Step 04 **设置系列间距。**打开"设置数据系列格式"窗格，在"系列选项"选项组中设置"系列重叠"为3%、"间隙宽度"为324%，如图8-41所示。

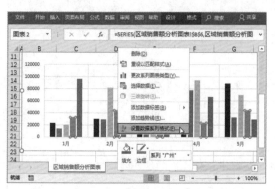

图8-40

图8-41

Step 05 **设置图表区域格式。**选中图表，右击，从弹出的快捷菜单中选择"设置图表区域格式"命令，如图8-42所示。

Step 06 **设置图表填充颜色。**打开"设置图表区格式"窗格，切换至"填充与线条"选项卡，在"填充"选项组中选中"渐变填充"单选按钮，然后在下方设置渐变光圈和颜色，如图8-43所示。

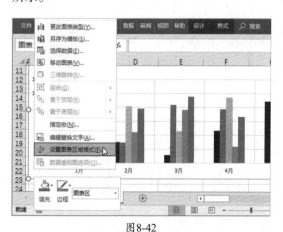

图8-42

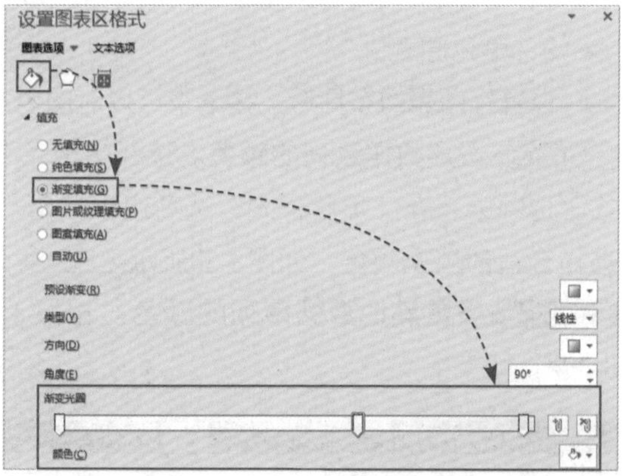

图8-43

● **新手误区：**用户为图表设置图片背景时，其图片选择得不能太花哨，否则会降低图表的可读性和美观性。

Step 07 **查看效果。**设置完成后关闭窗格，然后更改垂直轴、水平轴、图例的字体格式，即可完成图表的美化，如图8-44所示。

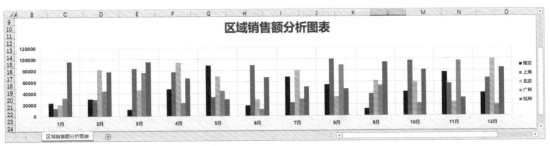

图8-44

8.4.3　迷你图的创建和应用

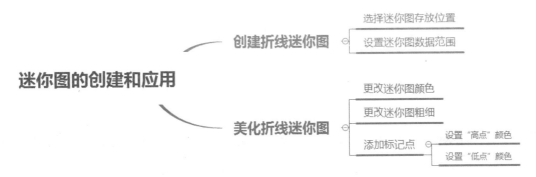

除了通过创建图表直观地展示数据外，用户还可以创建迷你图，来了解区域销售额的变化趋势，并且还可以对迷你图进行美化。

1. 创建折线迷你图

如果用户想要了解销售额的变化趋势，可以创建一个折线迷你图，具体操作方法如下。

Step 01 **启动"迷你图"命令。**选择单元格区域O3:O7，在"插入"选项卡的"迷你图"选项组中单击"折线"按钮，如图8-45所示。

Step 02 **创建迷你图。**打开"创建迷你图"对话框，设置"数据范围"，然后单击"确定"按钮，如图8-46所示。

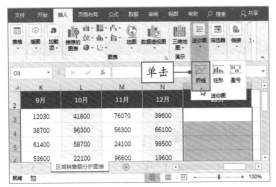

图8-45

图8-46

Step 03 **查看效果。**返回工作表，可以看到已经创建了一组折线迷你图，如图8-47所示。

地区	1月	2月	3月	4月	5月	6月	7月	8月	9月	10月	11月	12月	趋势
南京	23000	30200	11090	46900	88700	17900	68090	54080	12030	41800	76070	39600	
上海	14000	29010	84000	77600	33100	89600	23000	99800	38700	96300	56300	66100	
北京	20000	82000	46000	93900	69800	28700	79800	33200	61400	58700	24100	99500	
广州	32600	44200	76900	23500	44300	11900	30100	89600	53600	22100	96600	19600	
杭州	96000	78100	95600	66300	29000	67600	51000	47000	93800	80900	31300	83900	

图8-47

2. 美化折线迷你图

迷你图创建完成后，用户可以对迷你图进行美化，使其既美观又容易查看，具体操作方法如下。

Step 01 **更改迷你图的颜色。**选择折线迷你图，在"迷你图工具-设计"选项卡的"样式"选项组中单击"迷你图颜色"下拉按钮，从列表中选择合适的颜色，如图8-48所示。

Step 02 **更改迷你图的粗细。**再次单击"迷你图颜色"下拉按钮，从列表中选择"粗细"选项，并从其级联列表中选择"1磅"，如图8-49所示。

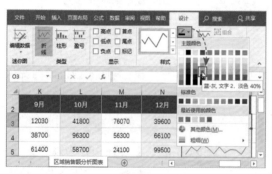

图8-48

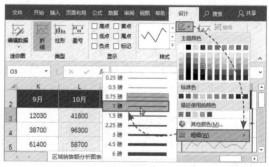

图8-49

Step 03 **添加标记点。**保持迷你图为选中状态，在"显示"选项组中勾选"标记"复选框，如图8-50所示。

Step 04 **设置"高点"颜色。**选择折线迷你图，在"样式"选项组中单击"标记颜色"下拉按钮，从列表中选择"高点"选项，并从其级联列表中选择"橙色"，如图8-51所示。

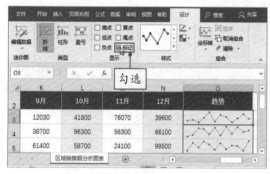

图8-50

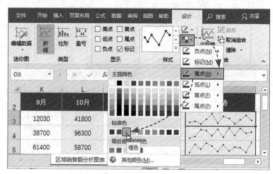

图8-51

Step 05 设置"低点"颜色。再次打开"标记颜色"下拉列表，从中选择"低点"选项，并从其级联列表中选择"黑色"，如图8-52所示。

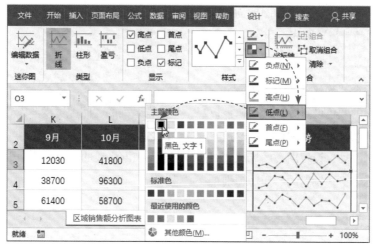

图8-52

Step 06 查看效果。此时，可以看到美化迷你图的效果，如图8-53所示。

	K	L	M	N	O
2	9月	10月	11月	12月	趋势
3	12030	41800	76070	39600	
4	38700	96300	56300	66100	
5	61400	58700	24100	99500	
6	53600	22100	96600	19600	
7	93800	80900	31300	83900	

图8-53

E 课后作业

本章主要介绍了图表和迷你图的创建及美化操作，下面综合利用所掌握的知识，制作一份“各季度洗护用品销量”图表。

操作提示

（1）插入一个“簇状条形图”图表。

（2）将图表的颜色设置为“彩色调色板2”，将数据系列的“间隙宽度”设置为130%。

（3）为图表区设置填充颜色为“蓝色”，为绘图区设置填充颜色为“白色”。

（4）删除水平轴，设置图表的标题、图例，取消图表网格线的显示，添加数据标签。

（5）将坐标轴格式设置为“逆序类别”。

效果参考

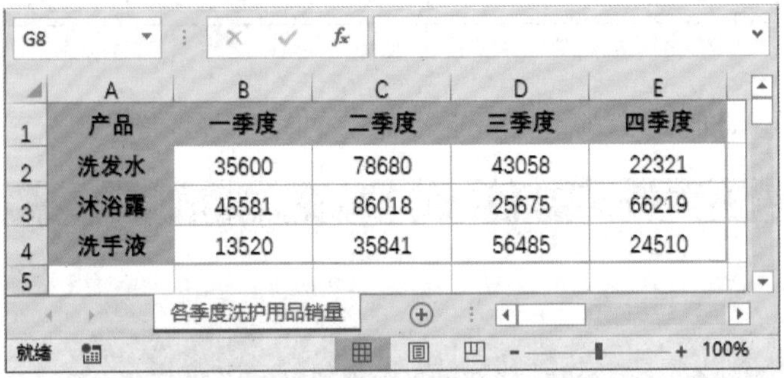

产品	一季度	二季度	三季度	四季度
洗发水	35600	78680	43058	22321
沐浴露	45581	86018	25675	66219
洗手液	13520	35841	56485	24510

原始效果

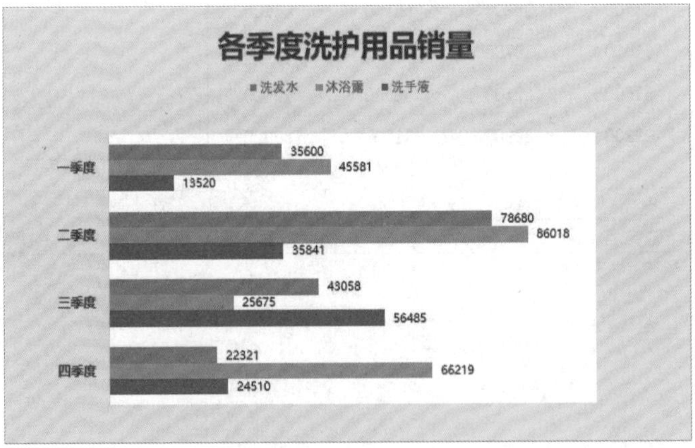

最终效果

Tips

在制作过程中，如有疑问，可以与我们进行交流（QQ群号：728245398）。

第9章

制作固定资产折旧统计表

　　企业的固定资产都需要计提折旧，折旧的金额大小直接影响到产品的价格和企业的利润，同时也会影响国家的税收和经济的状况。本章将综合利用所学知识点，制作一个固定资产折旧统计表，其中涉及的知识点包括函数计算、排序、筛选、创建数据透视表等。

Ｅ 思维导图

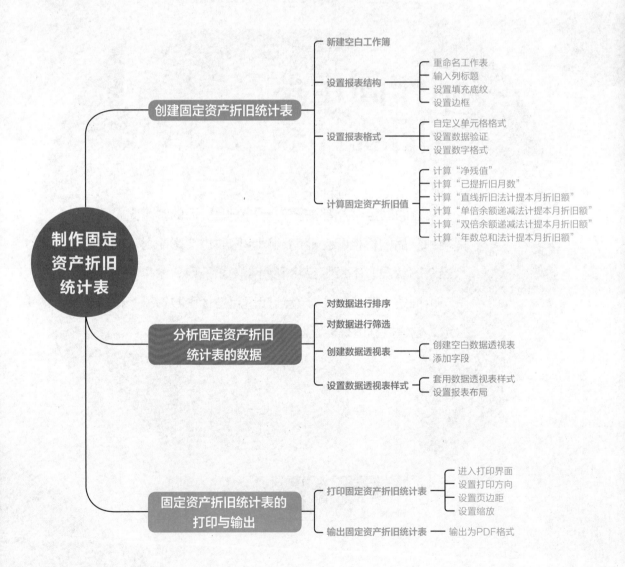

制作固定资产折旧统计表

- 创建固定资产折旧统计表
  - 新建空白工作簿
  - 设置报表结构
    - 重命名工作表
    - 输入列标题
    - 设置填充底纹
    - 设置边框
  - 设置报表格式
    - 自定义单元格格式
    - 设置数据验证
    - 设置数字格式
  - 计算固定资产折旧值
    - 计算"净残值"
    - 计算"已提折旧月数"
    - 计算"直线折旧法计提本月折旧额"
    - 计算"单倍余额递减法计提本月折旧额"
    - 计算"双倍余额递减法计提本月折旧额"
    - 计算"年数总和法计提本月折旧额"

- 分析固定资产折旧统计表的数据
  - 对数据进行排序
  - 对数据进行筛选
  - 创建数据透视表
    - 创建空白数据透视表
    - 添加字段
  - 设置数据透视表样式
    - 套用数据透视表样式
    - 设置报表布局

- 固定资产折旧统计表的打印与输出
  - 打印固定资产折旧统计表
    - 进入打印界面
    - 设置打印方向
    - 设置页边距
    - 设置缩放
  - 输出固定资产折旧统计表
    - 输出为PDF格式

综合实战

9.1 创建固定资产折旧统计表

为了方便、正确地计算每一项固定资产的折旧额，需要创建固定资产折旧统计表，计算每一项固定资产的预计净残值和已使用月数。

9.1.1 新建空白工作簿

首先用户需要新建一个空白工作簿来存储数据，具体操作步骤如下。

Step 01 启动右键菜单。 打开文件夹，在空白处右击，从弹出的快捷菜单中选择"新建"选项，并从其级联列表中选择"Microsoft Excel 工作表"命令，如图9-1所示。

Step 02 新建空白工作簿。 新建工作簿后，输入工作簿的名称"固定资产折旧统计表"，然后双击图标打开该工作簿，如图9-2所示。

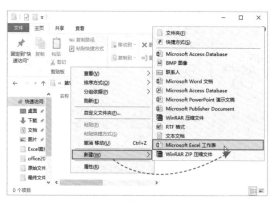

图9-1

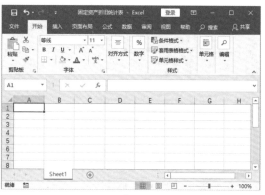

图9-2

9.1.2 设置报表结构

创建好工作簿后，接下来需要在工作表中输入列标题，并为表格添加边框，具体操作方法如下。

Step 01 重命名工作表。 选择工作表标签，右击，从弹出的快捷菜单中选择"重命名"命令，此时工作表标签处于可编辑状态，输入"固定资产折旧统计表"，然后按Enter键确认输入，如图9-3所示。

Step 02 输入列标题。 选择A1单元格，输入"资产编号"，再输入其他列标题。选择单元格区域A1: M1，在"开始"选项卡中将字号设置为"12"，加粗并居中显示，如图9-4所示。

Step 03 设置填充底纹。 保持单元格区域为选中状态，在"开始"选项卡中单击"填充颜色"下拉按钮，从列表中选择需要的颜色作为底纹颜色，如图9-5所示。

Step 04 设置边框。 选择单元格区域A1:M17，按组合键Ctrl+1打开"设置单元格格式"对话框，切换至"边框"选项卡，设置边框的样式和颜色，设置完成后，单击"确定"按钮，如图9-6所示。

图9-3

图9-4

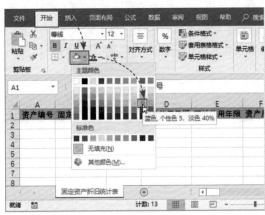

图9-5

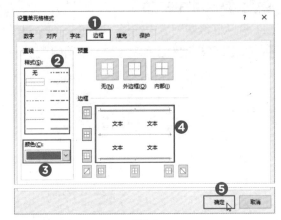

图9-6

Step 05 查看效果。 返回工作表，在A列前插入一个空白列，然后调整工作表的行高和列宽，查看最终效果，如图9-7所示。

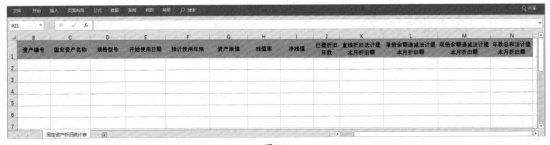

图9-7

知识拓展

当单元格中文本内容过长时，文本信息就不能全部显示出来。这时可以使用"自动换行"功能，让文本在下一行中显示出来。只需选中需要换行的单元格，在"开始"选项卡的"对齐方式"选项组中单击"自动换行"按钮即可。

■9.1.3　设置报表格式

表格的框架设置好后，下面需要在表格中输入相关数据，并设置数据内容的格式，具体操作方法如下。

Step 01 **启动"设置单元格格式"命令**。选择单元格区域B2:B17，在"开始"选项卡的"数字"选项组中单击对话框启动器按钮，如图9-8所示。

Step 02 **自定义单元格格式**。打开"设置单元格格式"对话框，在"数字"选项卡中选择"自定义"分类，然后在右侧的"类型"文本框中输入"00#"，最后单击"确定"按钮，如图9-9所示。

图9-8

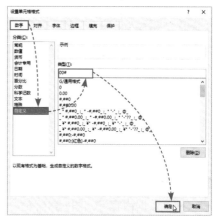

图9-9

Step 03 **输入"资产编号"**。选择B2单元格，输入001，然后再次选中B2单元格，将光标移至单元格的右下角，按住鼠标左键向下拖动至B17单元格，并单击弹出的"自动填充选项"按钮，从列表中选择"填充序列"选项，如图9-10所示。

Step 04 **启动"数据验证"功能**。选择单元格区域C2:C17，在"数据"选项卡的"数据工具"选项组中单击"数据验证"按钮，如图9-11所示。

图9-10

图9-11

Step 05 设置验证条件。打开"数据验证"对话框，在"设置"选项卡中将"允许"设置为"序列"，在"来源"文本框中输入"办公桌椅,台式电脑,传真机,电话,扫描仪,空调,饮水机,投影仪,打印机"，最后单击"确定"按钮，如图9-12所示。

Step 06 输入"固定资产名称"。返回工作表，选择C2单元格，单击其右侧的下拉按钮，从列表中选择合适的选项，如图9-13所示。

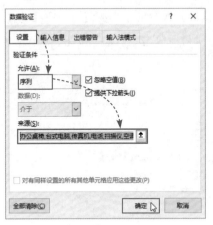

图9-12

图9-13

Step 07 完成输入。按照上述方法，完成全部"固定资产名称"的输入，接着在D、E、F列中输入相关数据内容，如图9-14所示。

Step 08 设置数字格式。选择单元格区域G2:G17、I2:I17和K2:N17，在"开始"选项卡的"数字"选项组中单击"数字格式"下拉按钮，从列表中选择"货币"选项，如图9-15所示。

图9-14

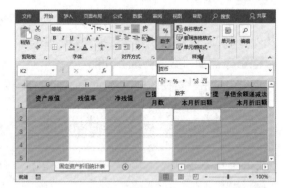

图9-15

Step 09 输入"资产原值"。在G列中输入相关数据内容，如图9-16所示。

Step 10 输入"残值率"。选择单元格区域H2:H17，然后在编辑栏中输入5%，按组合键Ctrl+Enter即可一次性地在选中的单元格区域输入5%，如图9-17所示。

图9-16

图9-17

Step 11 **查看效果**。最后选择单元格区域B2:N17，在"开始"选项卡中设置居中和垂直居中对齐，然后查看最终效果，如图9-18所示。

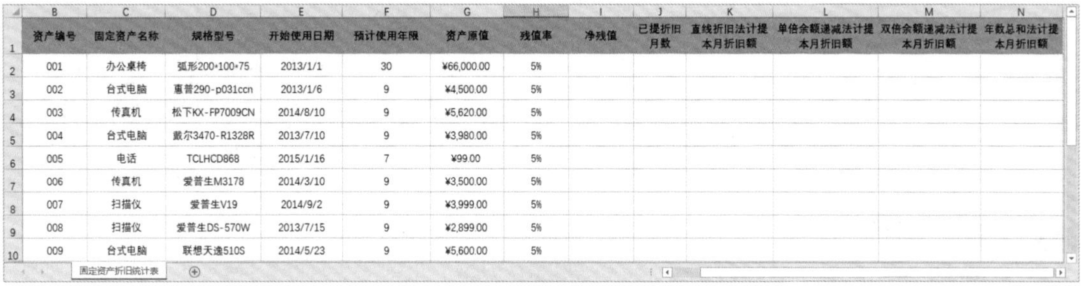

	B	C	D	E	F	G	H	I	J	K	L	M	N
1	资产编号	固定资产名称	规格型号	开始使用日期	预计使用年限	资产原值	残值率	净残值	已提折旧月数	直线折旧法计提本月折旧额	单倍余额递减法计提本月折旧额	双倍余额递减法计提本月折旧额	年数总和法计提本月折旧额
2	001	办公桌椅	弧形200*100*75	2013/1/1	30	¥66,000.00	5%						
3	002	台式电脑	蕙普290-p031ccn	2013/1/6	9	¥4,500.00	5%						
4	003	传真机	松下KX-FP7009CN	2014/8/10	9	¥5,620.00	5%						
5	004	台式电脑	戴尔3470-R1328R	2013/7/10	9	¥3,980.00	5%						
6	005	电话	TCLHCD868	2015/1/16	7	¥99.00	5%						
7	006	传真机	爱普生M3178	2014/3/10	9	¥3,500.00	5%						
8	007	扫描仪	爱普生V19	2014/9/2	9	¥3,999.00	5%						
9	008	扫描仪	爱普生DS-570W	2013/7/15	9	¥2,899.00	5%						
10	009	台式电脑	联想天逸510S	2014/5/23	9	¥5,600.00	5%						

图9-18

■9.1.4　计算固定资产折旧值

固定资产折旧统计表中涉及使用函数来计算折旧额，下面将介绍计算方法，所有资产按5%的残值率计算。

Step 01 **计算"净残值"**。选择I2单元格，输入公式"=G2*H2"，按Enter键计算出结果，然后向下填充公式，如图9-19所示。

Step 02 **计算"已提折旧月数"**。选择J2单元格，输入公式"=INT(DAYS360(E2,DATE(2019,8,31))/30)"，按Enter键算出结果，并向下填充公式，如图9-20所示。

Step 03 **计算"直线折旧法计提本月折旧额"**。选择K2单元格，输入公式"=SLN(G2,I2,F2*12)"，按Enter键计算出结果，然后向下填充公式，如图9-21所示。

Step 04 计算"单倍余额递减法计提本月折旧额"。选择L2单元格，输入公式"=IF(MONTH (E2)<12,IF(J2=0,0,IF(J2=1,G2*H2*(12-MONTH(E2))/12,DB(G2,I2,F2*12,J2,12-MONTH(E2)))),DB(G2,I2,F2*12,J2+1))"，按Enter键计算出结果，然后向下填充公式，如图9-22所示。

图9-19

图9-20

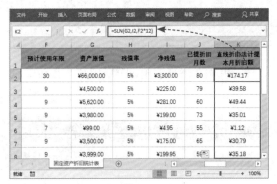

图9-21

图9-22

知识拓展

直线折旧法又称为平均年限法，是指将固定资产按预计使用年限平均计算折旧均衡地分摊到各期的一种方法。采用这种方法计算的每期(年、月)折旧额都是相等的。

SLN函数是用来返回固定资产每期线性折旧费用的函数。

单倍余额递减法是加速计提折旧的方法之一，它采用一个固定的折旧率乘以一个递减的固定资产账面值，从而得到每期的折旧额。

Step 05 计算"双倍余额递减法计提本月折旧额"。选择M2单元格，输入公式"=DDB(G2,I2, F2*12,J2)"，按Enter键计算出结果，如图9-23所示。

Step 06 计算"年数总和法计提本月折旧额"。选择N2单元格，输入公式"=SYD(G2,I2, F2*12,J2)"，按Enter键计算出结果，如图9-24所示。

196

用思维导图学 Office ：：Word/Excel/PPT

图9-23 图9-24

知识拓展

　　双倍余额递减法是一种在不考虑固定资产预计残值的情况下，将每期固定资产的期初账面净值乘以一个固定不变的百分率来计算折旧额的加速折旧的方法。

　　DDB函数是用来使用双倍余额递减法或其他指定方法计算折旧值的函数。

9.2 分析固定资产折旧统计表的数据

　　固定资产折旧统计表创建完成后，用户可以根据实际需要对表格中的数据进行分析，如排序、筛选、创建数据透视表等。

9.2.1 对数据进行排序

　　下面将介绍如何将"固定资产名称"进行"升序"排序。

Step 01 启动"升序"命令。选择"固定资产名称"列的任意单元格，在"数据"选项卡的"排序和筛选"选项组中单击"升序"按钮，如图9-25所示。

扫码观看视频

Step 02 查看结果。此时，可以看到"固定资产名称"列中的数据按照"升序"进行了排序，如图9-26所示。

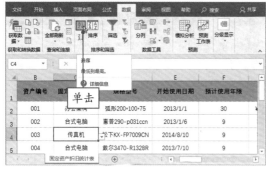 

图9-25 图9-26

■9.2.2 对数据进行筛选

下面将介绍如何将"开始使用日期"在"2015/1/16"至"2015/6/26"之间的信息筛选出来。

扫码观看视频

Step 01 启动"筛选"命令。选择表格中的任意单元格,在"数据"选项卡的"排序和筛选"选项组中单击"筛选"按钮,进入筛选状态,如图9-27所示。

Step 02 执行筛选操作。单击"开始使用日期"右侧的筛选按钮,在展开的列表中选择"日期筛选"选项,并从其级联列表中选择"介于"选项,如图9-28所示。

图9-27   图9-28

Step 03 设置筛选条件。打开"自定义自动筛选方式"对话框,在"开始使用日期"区域设置对应的日期,然后单击"确定"按钮,如图9-29所示。

Step 04 查看结果。返回工作表,查看筛选的结果,如图9-30所示。

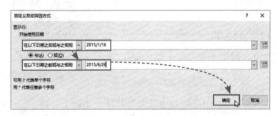

图9-29   图9-30

■9.2.3 创建数据透视表

用户可以通过创建数据透视表来分析表格中的数据,具体操作方法如下。

Step 01 启动"数据透视表"命令。选择表格中的任意单元格,在"插入"选项卡的"表格"选项组中单击"数据透视表"按钮,如图9-31所示。

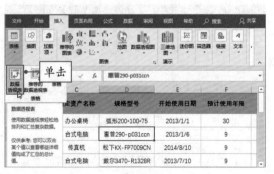

图9-31

Step 02 创建空白数据透视表。打开"创建数据透视表"对话框，保持各个选项为默认状态，然后单击"确定"按钮，如图9-32所示。

Step 03 查看效果。返回工作表，可以看到在新的工作表中创建了空白数据透视表，并同时打开"数据透视表字段"窗格，如图9-33所示。

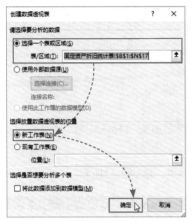

图9-32

图9-33

Step 04 添加字段。在"数据透视表字段"窗格中勾选所需字段，即可在工作表中创建一个数据透视表，如图9-34所示。

行标签	求和项:直线折旧法计提本月折旧额	求和项:单倍余额递减法计提本月折旧额	求和项:双倍余额递减法计提本月折旧额	求和项:年数总和法计提本月折旧额
办公桌椅	174.1666667	280.1223682	236.1201088	271.1403509
传真机	80.22222222	47.24757271	54.13942603	69.30190282
打印机	26.22395833	13.35883419	16.0334049	19.48560997
电话	1.559457672	0.682463932	0.869477297	1.056646022
空调	60.54666667	56.0075462	55.94147724	71.05476584
扫描仪	60.67685185	33.61665339	39.02040889	49.11625892
台式电脑	123.8518519	57.64283818	71.12383279	86.49099558
投影仪	44.84791667	17.54895309	23.08478547	27.031621
饮水机	21.46688988	6.910164129	9.622824803	9.451444147
总计	593.5624818	513.137394	505.9557462	604.1295952

图9-34

■9.2.4　设置数据透视表样式

创建好数据透视表后，用户可以对其样式进行设置，具体操作方法如下。

Step 01 设置数字格式。选择单元格区域B4:E13，在"开始"选项卡的"数字"选项组中单击"数字格式"下拉按钮，从列表中选择"货币"选项，如图9-35所示。

扫码观看视频

Step 02 套用数据透视表样式。选择数据透视表中的任意单元格，在"数据透视表工具-设计"选项卡的"数据透视表样式"选项组中单击"其他"按钮，如图9-36所示。

图9-35

图9-36

Step 03 **选择数据透视表样式。**从展开的列表中选择"浅绿，数据透视表样式中等深浅14"选项，如图9-37所示。

Step 04 **查看效果。**此时，可以看到数据透视表快速应用了该样式，如图9-38所示。

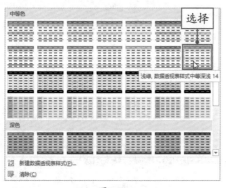

图9-37

图9-38

Step 05 **设置报表布局。**在"设计"选项卡的"布局"选项组中单击"报表布局"下拉按钮，从列表中选择"以表格形式显示"选项，如图9-39所示。

Step 06 **查看效果。**此时，可以看到数据透视表以表格的形式显示，如图9-40所示。

图9-39

图9-40

9.3 固定资产折旧统计表的打印与输出

制作好固定资产折旧统计表后，用户可以将其打印出来，也可以将其输出为其他格式，方便查看和传阅。

■9.3.1　打印固定资产折旧统计表

扫码观看视频

打印报表时，需要在"打印"界面中对页面进行设置，下面将介绍如何将报表打印在一页纸上。

Step 01 进入打印界面。单击"文件"菜单按钮，在弹出的界面中选择"打印"选项，如图9-41所示。

图9-41

Step 02 设置打印方向。在"打印"界面的"设置"区域单击"纵向"下拉按钮，从列表中选择"横向"选项，如图9-42所示。

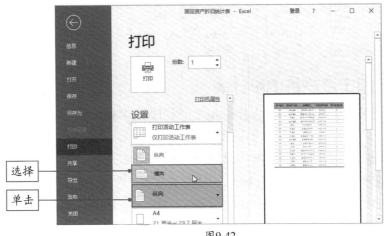

图9-42

Step 03 **设置页边距**。在"设置"区域单击"正常边距"下拉按钮，从列表中选择"窄"选项，如图9-43所示。

Step 04 **设置缩放**。在"设置"区域单击"无缩放"下拉按钮，从列表中选择"将工作表调整为一页"选项，如图9-44所示。

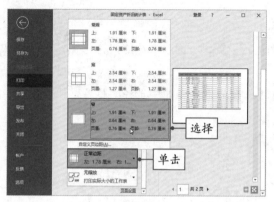

图9-43

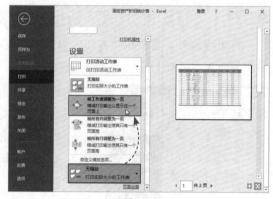

图9-44

Step 05 **查看效果**。此时，在打印预览区域可以看到已经将报表打印在一页纸上了，如图9-45所示，最后单击"打印"按钮进行打印即可。

资产编号	固定资产名称	规格型号	开始使用日期	预计使用年限	资产原值	残值率	净残值	已提折旧月数	直线折旧法计提本月折旧额	单倍余额递减法计提本月折旧额	双倍余额递减法计提本月折旧额	年数总和法计提本月折旧额
001	办公桌椅	弧形200×100×75	2013/1/1	30	¥66,000.00	5%	¥3,300.00	87	¥174.17	¥280.12	¥236.12	¥271.14
002	台式电脑	惠普290-p031ccn	2013/1/6	9	¥4,500.00	5%	¥225.00	79	¥39.58	¥14.40	¥19.39	¥21.79
003	传真机	松下KX-RP7009CN	2014/8/10	9	¥5,620.00	5%	¥281.00	60	¥49.44	¥30.74	¥34.55	¥44.45
004	台式电脑	戴尔3470-R1328R	2013/7/10	9	¥3,980.00	5%	¥199.00	73	¥35.01	¥15.22	¥19.19	¥23.13
005	电话	TCLHCD868	2015/1/16	7	¥99.00	5%	¥4.95	55	¥1.12	¥0.51	¥0.64	¥0.79
006	传真机	爱普生M317B	2014/3/10	9	¥3,500.00	5%	¥175.00	65	¥30.79	¥16.51	¥19.59	¥24.86
007	扫描仪	爱普生V19	2014/9/2	9	¥3,999.00	5%	¥199.95	59	¥35.18	¥22.53	¥25.04	¥32.27
008	扫描仪	爱普生DS-570W	2013/7/15	9	¥2,899.00	5%	¥144.95	73	¥25.50	¥11.08	¥13.98	¥16.84
009	台式电脑	联想天逸510S	2014/5/23	9	¥5,600.00	5%	¥280.00	63	¥49.26	¥28.02	¥32.55	¥41.58
010	电话	飞利浦CORD118	2013/4/10	9	¥50.00	5%	¥2.50	76	¥0.44	¥0.17	¥0.23	¥0.27
011	空调	松下E27FK1	2015/6/26	10	¥7,648.00	5%	¥382.40	50	¥60.55	¥56.01	¥55.94	¥71.05
012	饮水机	美的MYD827S-W	2014/4/17	8	¥999.00	5%	¥49.95	64	¥9.89	¥4.30	¥5.52	¥6.73
013	投影仪	松下PT-WX3400L	2015/6/1	6	¥3,399.00	5%	¥169.95	51	¥44.85	¥17.55	¥23.08	¥27.08
014	饮水机	美的YD1316S-X	2015/5/6	9	¥1,024.00	5%	¥51.20	76	¥11.58	¥2.61	¥4.10	¥2.72
015	打印机	爱普生L3116	2013/7/14	8	¥1,200.00	5%	¥60.00	73	¥11.88	¥3.93	¥5.49	¥5.88
016	打印机	惠普M133nw	2015/5/16	8	¥1,450.00	5%	¥72.50	51	¥14.35	¥9.43	¥10.54	¥13.61

图9-45

■9.3.2 输出固定资产折旧统计表

如果用户不想将固定资产折旧统计表打印出来，则可以将其输出为PDF格式进行查看，具体操作方法如下。

Step 01 **进入"导出"界面**。打开"文件"菜单，选择"导出"选项，然后在"导出"界面选择"创建PDF/XPS文档"选项，并在右侧单击"创建PDF/XPS"按钮，如图9-46所示。

Step 02 **发布为PDF格式**。打开"发布为PDF或XPS"对话框，从中设置保存位置，然后直接单击"发布"按钮，如图9-47所示。

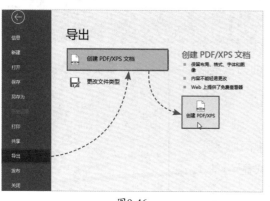

图9-46

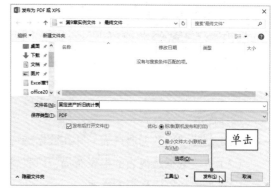

图9-47

Step 03 **查看效果。** 此时，系统会自动打开转换成PDF格式的固定资产折旧统计表，如图9-48所示。

资产编号	固定资产名称	规格型号	开始使用日期	预计使用年限	资产原值	残值率	净残值	已提折旧月数	直线折旧法计提本月折旧额	单倍余额递减法计提本月折旧额	双倍余额递减法计提本月折旧额	年数总和法计提本月折旧额
001	办公桌椅	弧形200*100*75	2013/1/1	30	¥66,000.00	5%	¥3,300.00	80	¥174.17	¥280.12	¥236.12	¥271.14
002	台式电脑	惠普290-p031ccn	2013/1/6	9	¥4,500.00	5%	¥225.00	79	¥39.58	¥14.40	¥19.39	¥21.79
003	传真机	松下KX-FP7009CN	2014/8/10	9	¥5,620.00	5%	¥281.00	60	¥49.44	¥30.74	¥34.55	¥44.45
004	台式电脑	戴尔3470-R1328R	2013/7/10	9	¥3,980.00	5%	¥199.00	73	¥35.01	¥15.22	¥19.19	¥23.13
005	电话	TCLHCD868	2015/1/16	7	¥99.00	5%	¥4.95	55	¥1.12	¥0.51	¥0.64	¥0.79
006	传真机	爱普生M3178	2014/3/10	9	¥3,500.00	5%	¥175.00	65	¥30.79	¥16.51	¥19.59	¥24.86
007	扫描仪	爱普生V19	2014/9/2	9	¥3,999.00	5%	¥199.95	59	¥35.18	¥22.53	¥25.04	¥32.27
008	扫描仪	爱普生DS-570W	2013/7/15	9	¥2,899.00	5%	¥144.95	73	¥25.50	¥11.08	¥13.98	¥16.84
009	台式电脑	联想天逸510S	2014/5/23	9	¥5,600.00	5%	¥280.00	63	¥49.26	¥28.02	¥32.55	¥41.58
010	电话	飞利浦CORD118	2013/4/10	9	¥50.00	5%	¥2.50	76	¥0.44	¥0.17	¥0.23	¥0.27
011	空调	松下E27FK1	2015/6/26	10	¥7,648.00	5%	¥382.40	50	¥60.55	¥56.01	¥55.94	¥71.05
012	饮水机	美的MYD827S-W	2014/4/17	8	¥999.00	5%	¥49.95	64	¥9.89	¥4.30	¥5.52	¥6.73
013	投影仪	松下FPT-WX3400L	2015/6/1	9	¥3,399.00	5%	¥169.95	51	¥44.85	¥17.55	¥23.08	¥27.03
014	饮水机	美的YD1316S-X	2013/5/6	7	¥1,024.00	5%	¥51.20	75	¥11.58	¥2.61	¥4.10	¥2.72
015	打印机	爱普生L3116	2013/7/14	8	¥1,200.00	5%	¥60.00	73	¥11.88	¥3.93	¥5.49	¥5.88
016	打印机	惠普M132nw	2015/5/16	8	¥1,450.00	5%	¥72.50	51	¥14.35	¥9.43	¥10.54	¥13.61

图9-48

Ⓔ课后作业

学习Excel的全部操作知识后，下面利用所学的知识点制作一个"员工薪资统计表"数据透视表。

操作提示

（1）创建空白数据透视表，并在数据透视表中添加字段。

（2）更改数据透视表的报表布局，以表格形式显示。

（3）设置数据透视表的样式。

（4）将"所属部门"字段拖至"筛选"区域，然后将"人事部"的信息筛选出来。

效果参考

工号	姓名	所属部门	职务	基本工资	津贴	满勤奖	缺勤扣款	应发工资	保险扣款	代扣个人所得税	实发工资
001	聂震	财务部	经理	¥6,000.00	¥1,500.00	0	¥150.00	¥7,350.00	¥1,387.50	¥75.00	¥5,887.50
002	李娜	销售部	经理	¥5,500.00	¥1,375.00	0	¥250.00	¥6,625.00	¥1,271.88	¥56.25	¥5,296.88
003	何密	人事部	主管	¥5,000.00	¥750.00	0	¥200.00	¥5,550.00	¥1,063.75	¥22.50	¥4,463.75
004	李森	办公室	员工	¥3,500.00	¥350.00	300	¥0.00	¥4,150.00	¥712.25	¥0.00	¥3,437.75
005	周明	人事部	员工	¥3,500.00	¥350.00	0	¥50.00	¥3,800.00	¥712.25	¥0.00	¥3,087.75
006	张妮	设计部	主管	¥5,000.00	¥750.00	300	¥0.00	¥6,050.00	¥1,063.75	¥22.50	¥4,963.75
007	邓东	销售部	员工	¥3,500.00	¥350.00	0	¥150.00	¥3,700.00	¥712.25	¥0.00	¥2,987.75
008	舒曼	财务部	员工	¥4,000.00	¥400.00	0	¥100.00	¥4,300.00	¥814.00	¥0.00	¥3,486.00
009	李丹	人事部	主管	¥5,000.00	¥750.00	0	¥150.00	¥5,600.00	¥1,063.75	¥22.50	¥4,513.75
010	王民	办公室	员工	¥3,500.00	¥350.00	300	¥0.00	¥4,150.00	¥712.25	¥0.00	¥3,437.75
011	朱茂	办公室	员工	¥3,500.00	¥350.00	0	¥100.00	¥3,750.00	¥712.25	¥0.00	¥3,037.75
012	李敏	财务部	员工	¥4,000.00	¥400.00	0	¥250.00	¥4,150.00	¥814.00	¥0.00	¥3,336.00
013	李明	销售部	员工	¥3,500.00	¥350.00	0	¥150.00	¥3,700.00	¥712.25	¥0.00	¥2,987.75
014	刘司	设计部	主管	¥5,000.00	¥750.00	0	¥300.00	¥5,450.00	¥1,063.75	¥22.50	¥4,363.75
015	萨好	人事部	员工	¥3,500.00	¥350.00	300	¥0.00	¥4,150.00	¥712.25	¥0.00	¥3,437.75
016	赵英	人事部	员工	¥3,500.00	¥350.00	0	¥300.00	¥3,550.00	¥712.25	¥0.00	¥2,837.75

原始效果

所属部门	人事部						
姓名	求和项:基本工资	求和项:津贴	求和项:缺勤扣款	求和项:应发工资	求和项:保险扣款	求和项:代扣个人所得税	求和项:实发工资
何密	5000	750	200	5550	1063.75	22.5	4463.75
李丹	5000	750	150	5600	1063.75	22.5	4513.75
周明	3500	350	50	3800	712.25	0	3087.75
萨好	3500	350	0	4150	712.25	0	3437.75
赵英	3500	350	300	3550	712.25	0	2837.75
总计	20500	2550	700	22650	4264.25	45	18340.75

最终效果

Tips

在制作过程中，如有疑问，可以与我们进行交流（QQ群号：728245398）。

204

第 10 章

PowerPoint
演示文稿的设计

大多数人认为PPT不是很重要，其实这种说法是错误的。不论是在校大学生还是职场人员，都需要用到PPT。一个优秀的PPT，更容易打动观众，说服客户。本章将对PPT的基本操作和母版的设计进行详细的介绍。

P 思维导图

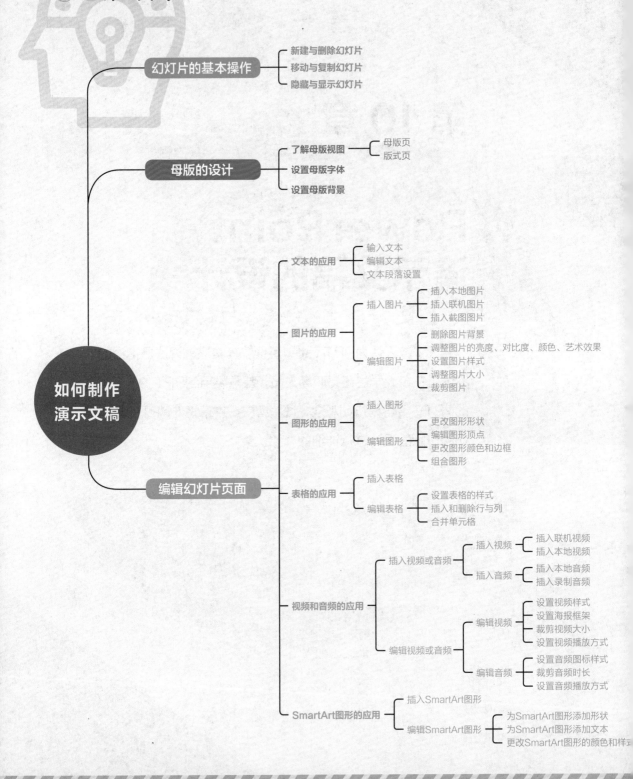

℗ 知识速记

10.1 幻灯片的基本操作

在编辑演示文稿的过程中，需要对幻灯片进行各种操作，包括新建与删除幻灯片、移动与复制幻灯片、隐藏与显示幻灯片等。

■ 10.1.1 新建与删除幻灯片

当演示文稿页数较少、不能合理安排当前的内容时，需要新建幻灯片。用户可以在预览窗格中通过功能区命令或右键命令新建幻灯片，如图10-1所示。

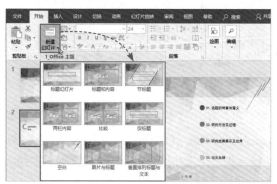

图10-1

当演示文稿中的幻灯片较多时，可以将其删除。在预览窗格中，用户可以通过右键的快捷菜单或按Delete键来删除幻灯片，如图10-2所示。

按Delete键

图10-2

知识拓展

用户还可以使用快捷键新建幻灯片，选择幻灯片后，直接按下Enter键，即可在所选幻灯片下方新建一张幻灯片。

■10.1.2 移动与复制幻灯片

扫码观看视频

如果用户需要对幻灯片的位置进行调整，可以对幻灯片进行移动和复制操作。在预览窗格中选择所需幻灯片，按住鼠标左键不放，将其拖动至合适位置后释放鼠标左键，即可完成幻灯片的移动，如图10-3所示。

图10-3

如果需要制作多张相似内容的幻灯片，那么就可以使用"复制"命令复制幻灯片，然后再进行修改操作。在预览窗格中，选中要复制的幻灯片，右击，在快捷菜单中选择"复制幻灯片"选项，或者按组合键Ctrl+C复制该幻灯片，然后在指定位置按组合键Ctrl+V即可，如图10-4所示。

除此之外，用户还可以使用组合键Ctrl+D快速复制幻灯片。选中所需幻灯片，直接按组合键Ctrl+D即可，如图10-5所示。

图10-4

图10-5

■10.1.3 隐藏与显示幻灯片

如果用户不想将某张幻灯片放映出来，但又不想删除该幻灯片，这时可以将其隐藏。只需选中幻灯片后，在"幻灯片放映"选项卡中单击"隐藏幻灯片"按钮，或者右击后在快捷菜单中选择"隐藏幻灯片"选项，如图10-6所示。

幻灯片被隐藏后，在该幻灯片序号上会出现隐藏符号"\"。

图10-6

如果要将隐藏的幻灯片显示出来，可以在"幻灯片放映"选项卡中再次单击"隐藏幻灯片"按钮。

10.2 母版的设计

对幻灯片的母版进行设计，可以快速统一幻灯片的风格，提高工作效率。下面将向用户讲解一下母版功能的应用。

10.2.1 了解母版

在"视图"选项卡中单击"幻灯片母版"按钮，可以进入母版视图。母版视图是由母版页和版式页这两个部分组成的，如图10-7所示。母版页仅为第1张幻灯片，除此之外，所有的幻灯片都称为版式页。

在母版页中添加某元素后，该元素会应用到其他版式页中；而在版式页中添加元素后，该元素仅用于当前页，其他版式页均不受影响。

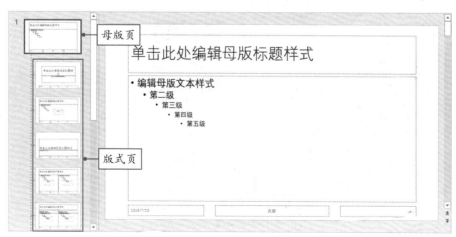

图10-7

■10.2.2　设计母版字体

在母版视图中，选择母版页幻灯片，在该幻灯片中选择所需占位符。在"开始"选项卡的"字体"选项组中可以对占位符中的文本格式进行设计，如设置字体、字号、字体颜色等，如图10-8所示。

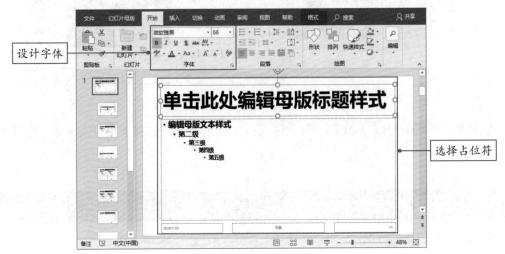

图10-8

■10.2.3　设计母版背景

进入母版视图后，在"幻灯片母版"选项卡的"背景"选项组中单击"背景样式"下拉按钮，从列表中选择合适的背景样式，如图10-9所示。或者选择"设置背景格式"选项，在打开的"设置背景格式"窗格中设置纯色填充背景、渐变填充背景、图片或纹理填充背景和图案填充背景，如图10-10所示。

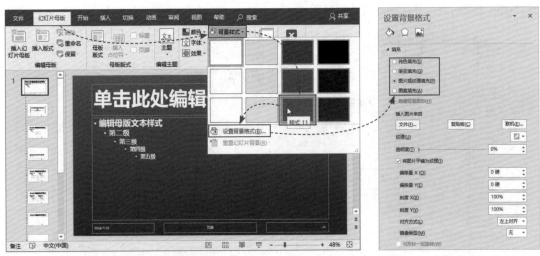

图10-9　　　　　　　　　　　　　　　　图10-10

10.3 编辑幻灯片页面

在制作幻灯片时，会涉及文本、图片、图形、表格、视频、音频和SmartArt图形的应用，只有熟练掌握这些知识，才能制作出精彩的演示文稿。

■ 10.3.1 文本的应用

在演示文稿中，文本内容都是不可或缺的。文本内容和格式设置的好坏，直接会影响到演示文稿的质量。下面将向用户介绍一下"文本"功能的应用操作。

在新建的幻灯片页面中，一般会有标题或文本占位符，将光标插入到标题占位符中，就可以直接输入文本，如图10-11所示。

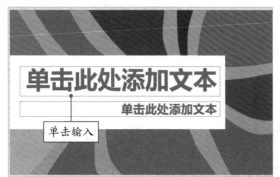

图10-11

如果占位符不能满足文本的需求，则可以使用"文本框"功能来输入文本。在"插入"选项卡的"文本"选项组中单击"文本框"下拉按钮，从列表中根据需要选择绘制横排或竖排文本框，然后在幻灯片页面的任意位置绘制文本框，在文本框中输入内容即可，如图10-12所示。

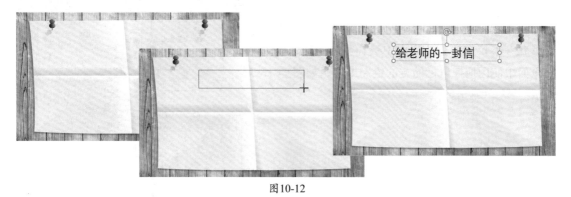

图10-12

输入文本后，用户可以在"开始"选项卡中对该文本的字体、字号、字体颜色、加粗、倾斜、对齐方式、文字方向等进行设置，如图10-13所示。

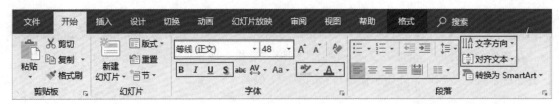

图10-13

■10.3.2 图片的应用

为了能够让观众快速理解幻灯片的内容,可以在幻灯片中
插入一些图片。在"插入"选项卡的"图像"选项组中单击
"图片"按钮,可以插入本地图片;单击"联机图片"按钮,
可以插入联机图片;单击"屏幕截图"按钮,可以插入截图图
片,如图10-14所示。

图10-14

插入图片后,功能区会出现"图片工具-格式"选项卡,如
图10-15所示。在该选项卡中,用户可以对图片进行一系列编辑操作,如删除背景,调整图片的
亮度和对比度、颜色、艺术效果,设置图片样式,排列图片,裁剪图片,调整图片大小等。

图10-15

■10.3.3 图形的应用

在幻灯片中利用"图形"功能可以丰富页面内
容。在"插入"选项卡的"插图"选项组中单击
"形状"下拉按钮,从列表中选择需要的形状,并
在页面中使用拖拽鼠标的方法绘制即可,如图10-16
所示。

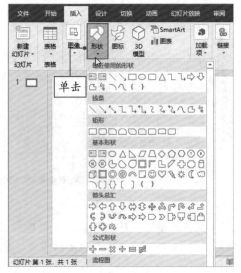

图10-16

知识拓展

　　如果需要组合多个图形，可以选中全部图形，右击，从弹出的快捷菜单中选择"组合"选项，接着选择"组合"命令选项，如图10-17所示。

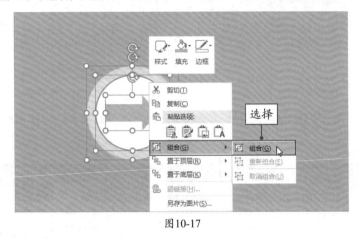

图10-17

　　绘制图形后，用户可以根据需要对图形进行编辑。打开"绘图工具-格式"选项卡，在该选项卡中可以设置图形的形状填充、形状轮廓、形状效果等，如图10-18所示。

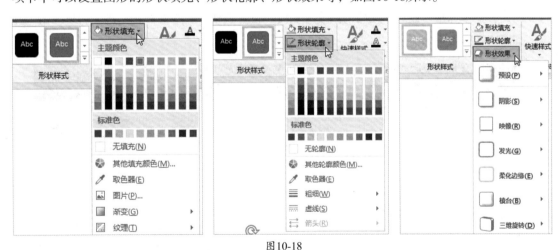

图10-18

■10.3.4　表格的应用

　　用户想要在幻灯片中创建表格，可以在"插入"选项卡中单击"表格"下拉按钮，在列表中滑动鼠标选取8行10列以内的表格，如图10-19所示。用户还可以在"表格"下拉列表中选择"插入表格"选项，在"插入表格"对话框中自定义表格的行数和列数来创建，如图10-20所示。

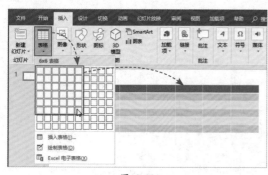
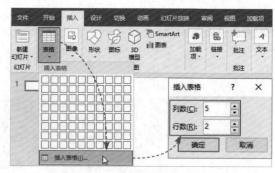

图10-19　　　　　　　　　　　　　　　　　　图10-20

插入表格后，在"表格工具-设计"选项卡中，用户可以设置表格的样式来美化表格，如图10-21所示。

图10-21

此外，在"表格工具-布局"选项卡中，可以对表格的布局进行调整。例如，插入和删除行或列、合并单元格、设置单元格的高度和宽度、设置表格中文本的对齐方式、调整表格尺寸等，如图10-22所示。

图10-22

■10.3.5　视频和音频的应用

在幻灯片中添加视频或音频，可以更好地吸引观众的注意力，活跃现场气氛。在"插入"选项卡的"媒体"选项组中单击"视频"下拉按钮，在列表中可以根据需要选择插入联机视频或本地视频，如图10-23所示。

图10-23

图10-23（续）

在"插入"选项卡中单击"音频"下拉按钮，在列表中可以选择"PC上的音频"选项，在打开的对话框中选择要插入的音频文件即可，如图10-24所示。

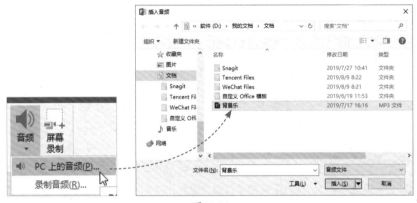

图10-24

插入视频后，在"视频工具-格式"选项卡中可以美化视频。例如，调整视频的颜色、为视频设置海报框架、设置视频样式、裁剪视频大小等。在"视频工具-播放"选项卡中，可以对视频时长进行裁剪、设置视频播放方式等，如图10-25所示。

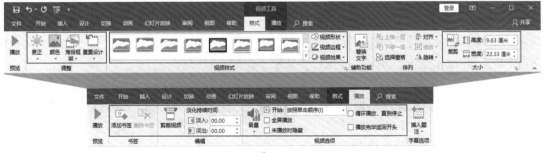

图10-25

插入音频后，在"音频工具-格式"选项卡中可以美化音频图标。例如，设置音频图标的颜色、艺术效果，设置音频图标样式等。在"音频工具-播放"选项卡中，可以裁剪音频时长、设置音频播放方式等，如图10-26所示。

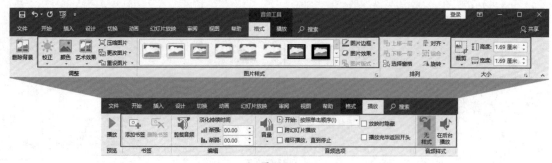

图10-26

■10.3.6 SmartArt图形的应用

当在幻灯片中输入存在一定关系的文本时，如流程、循环、层次结构等，可以使用SmartArt图形进行展示。

在"插入"选项卡的"插图"选项组中单击"SmartArt"按钮，打开"选择SmartArt图形"对话框，从中根据需要选择SmartArt图形，即可插入所选图形，如图10-27所示。

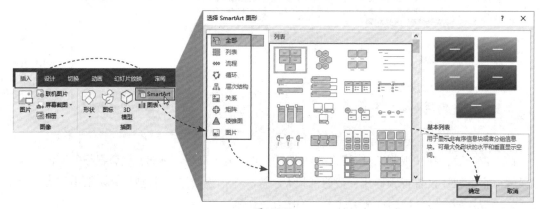

图10-27

插入SmartArt图形后，在"SmartArt工具-设计"选项卡中，用户可以为SmartArt图形添加形状、更改SmartArt图形颜色和样式等。而在"SmartArt工具-格式"选项卡中，可以美化SmartArt图形中的形状，如设置形状填充、轮廓、效果等，如图10-28所示。

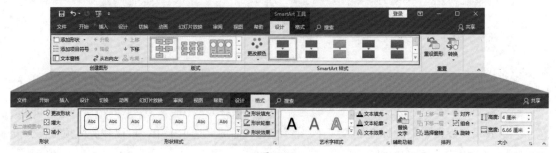

图10-28

🅟 综合实战

10.4 制作海洋环境保护宣传演示文稿

近几年，海洋环境遭到严重污染，为了保护海洋生物的多样性，需要大家共同努力，大力宣传海洋环境保护。下面将向用户详细介绍制作海洋环境保护宣传演示文稿的流程。

■10.4.1 设计宣传稿内容页版式

扫码观看视频

设置幻灯片版式的方法有很多，本案例将使用母版功能来对宣传文稿的版式进行设计，具体操作方法如下。

Step 01 **新建演示文稿。**通过右键的菜单命令新建一个空白演示文稿，并命名为"海洋环境保护宣传"，然后打开该演示文稿，如图10-29所示。

Step 02 **启动"幻灯片母版"命令。**打开"视图"选项卡，在"母版视图"选项组中单击"幻灯片母版"按钮，如图10-30所示。

图10-29

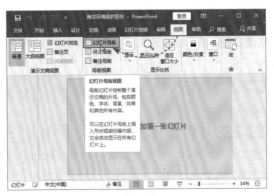

图10-30

Step 03 选择母版版式。进入母版模式，在幻灯片页面左侧选择"Office主题"母版，如图10-31所示。

Step 04 删除占位符。选择母版幻灯片中所有的占位符，按Delete键将其全部删除，如图10-32所示。

图10-31

图10-32

Step 05 启动"设置背景格式"命令。在"背景"选项组中单击"背景样式"下拉按钮，从列表中选择"设置背景格式"选项，如图10-33所示。

Step 06 选择填充选项。打开"设置背景格式"窗格，在"填充"选项组中选中"图片或纹理填充"单选按钮，单击"文件"按钮，如图10-34所示。

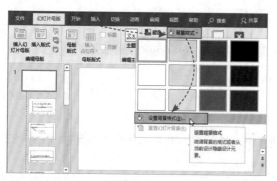

图10-33

图10-34

Step 07 选择图片。打开"插入图片"对话框，从中选择背景图片，单击"插入"按钮，如图10-35所示。

Step 08 查看效果。返回幻灯片页面，可以看到已经为母版幻灯片添加了背景图片，如图10-36所示。

Step 09 选择"矩形"形状。打开"插入"选项卡，在"插图"选项组中单击"形状"下拉按钮，从列表中选择"矩形"选项，如图10-37所示。

Step 10 绘制形状。此时，光标变为十字形状，按住鼠标左键不放，拖动鼠标绘制一个和幻灯片页面一样大小的矩形，如图10-38所示。

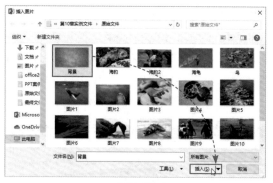

图10-35

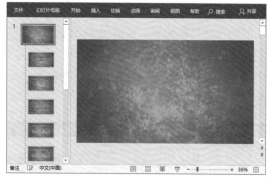

图10-36

图10-37

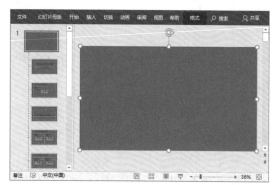

图10-38

Step 11 启动"设置形状格式"命令。选中绘制的矩形,右击,从弹出的快捷菜单中选择"设置形状格式"选项,如图10-39所示。

Step 12 设置填充与线条。打开"设置形状格式"窗格,切换至"填充与线条"选项卡,在"填充"选项组中选中"纯色填充"单选按钮,然后将"颜色"设置为白色,将"透明度"设置为48%,接着在"线条"选项组中选中"无线条"单选按钮,如图10-40所示。

图10-39

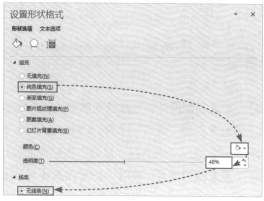

图10-40

Step 13 **绘制其他矩形。** 设置完成后关闭窗格，按照上述方法，再次绘制一个矩形，并设置矩形的填充颜色和轮廓，如图10-41所示。

Step 14 **设置形状效果。** 选中矩形，打开"绘图工具-格式"选项卡，在"形状样式"选项组中单击"形状效果"下拉按钮，从列表中选择"预设"选项，并从其级联列表中选择"预设4"效果，如图10-42所示。

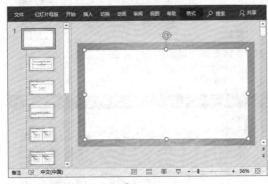

图10-41

图10-42

Step 15 **启动"图片"命令。** 切换至"插入"选项卡，在"图像"选项组中单击"图片"按钮，如图10-43所示。

Step 16 **插入图片。** 打开"插入图片"对话框，从中选择需要的图片后单击"插入"按钮，如图10-44所示。

图10-43

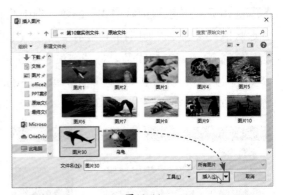

图10-44

Step 17 **复制图片。** 选择插入的图片，按组合键Ctrl+C和Ctrl+V复制图片，如图10-45所示。

Step 18 **启动"裁剪"命令。** 将复制的图片和原图片重合，然后选择复制的图片，在"图片工具-格式"选项卡中单击"裁剪"按钮，如图10-46所示。

Step 19 **裁剪图片。** 此时，图片周围出现八个裁剪点，将鼠标光标放在裁剪点上，然后拖动鼠标调整裁剪范围，保留鱼头部分，将鱼尾部分剪去，如图10-47所示。

Step 20 **完成裁剪。** 裁剪完成后，按Esc键退出。按照同样的方法，裁剪另一张图片，保留鱼尾部分，去除鱼头部分，如图10-48所示。

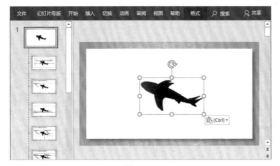

图10-45

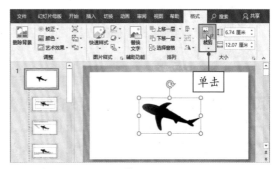

图10-46

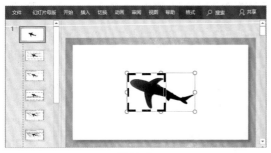

图10-47

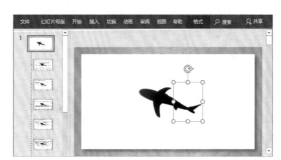

图10-48

知识拓展

　　除了使用组合键Ctrl+C和Ctrl+V复制图片外，选中图片后，按住Ctrl键不放的同时拖动鼠标，也可以快速复制图片。

Step 21 **调整图片大小。**选择裁剪后的图片，将光标移至左上角的控制点上，然后按住鼠标左键不放，拖动鼠标调整图片的大小，如图10-49所示。

Step 22 **移动图片。**调整好两张图片的大小后，将其移动至页面的右上角，如图10-50所示。

图10-49

图10-50

选中图片后，将光标移至图片上方的旋转柄上，然后按住鼠标左键不放，拖动鼠标可以改变图片的方向。

Step 23 **将图片下移一层。**选中尾部图片，在"格式"选项卡的"排列"选项组中单击"下移一层"下拉按钮，从列表中选择"下移一层"选项，如图10-51所示。

Step 24 **设置图片的亮度和对比度。**选中头部图片，在"格式"选项卡的"调整"选项组中单击"校正"下拉按钮，从列表中选择"亮度：+20% 对比度：+20%"选项，如图10-52所示。

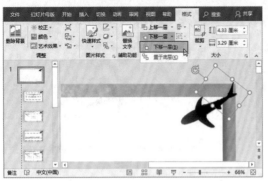

图10-51　　　　　　　　　　　　　　　图10-52

■10.4.2　设计宣传稿标题页内容

扫码观看视频

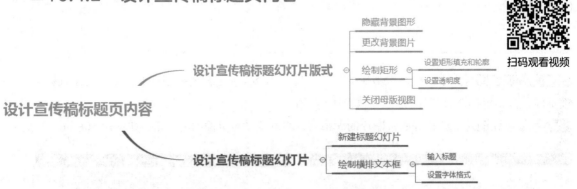

设计好宣传文稿的内容版式后，接下来就需要对标题幻灯片的版式和内容进行设计，具体操作方法如下。

Step 01 **隐藏背景图形。**选中标题幻灯片，在"幻灯片母版"选项卡的"背景"选项组中勾选"隐藏背景图形"复选框，如图10-53所示。

Step 02 **更改背景图片。**单击"背景样式"下拉按钮，从列表中选择"设置背景格式"选项，通过"设置背景格式"窗格更改标题幻灯片的背景图片，如图10-54所示。

图10-53

图10-54

Step 03 绘制矩形。删除标题幻灯片中所有的占位符，然后绘制一个大小合适的矩形，如图10-55所示。

Step 04 设置矩形填充。选中绘制的矩形，打开"设置形状格式"窗格，在"填充"选项卡中选择"纯色填充"单选按钮，然后设置填充颜色，并将"透明度"设置为13%，如图10-56所示。

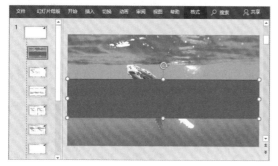
图10-55

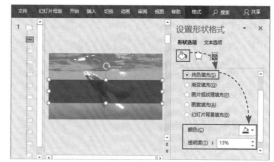
图10-56

Step 05 设置矩形轮廓。在"设置形状格式"窗格的"线条"选项组中选中"无线条"单选按钮，如图10-57所示。

Step 06 关闭母版视图。设置好标题幻灯片的版式后，单击"关闭母版视图"按钮，如图10-58所示，退出母版视图。

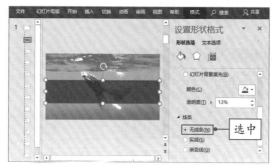
图10-57

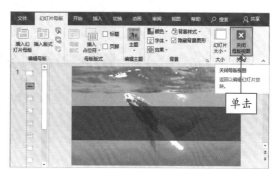
图10-58

Step 07 **新建标题幻灯片。** 打开"开始"选项卡，在"幻灯片"选项组中单击"新建幻灯片"下拉按钮，从列表中选择"标题幻灯片"选项，如图10-59所示。

Step 08 **绘制横排文本框。** 新建标题幻灯片后，打开"插入"选项卡，在"文本"选项组中单击"文本框"下拉按钮，从列表中选择"绘制横排文本框"选项，如图10-60所示。

图10-59

图10-60

Step 09 **输入标题。** 在幻灯片页面的合适位置绘制一个横排文本框，然后输入标题文本，并将文本的字体设置为"微软雅黑"，字号设为"66"，字体颜色为"白色"，加粗显示，如图10-61所示。

● **新手误区：** 在标题文字下方使用矩形做底纹，主要是为了突显标题文本的内容，让观众对标题一目了然。

图10-61

Step 10 **查看效果。** 按照上述方法再次绘制一个横排文本框，然后输入文本，放在幻灯片页面的合适位置。至此，完成标题页的设计，如图10-62所示。

图10-62

10.4.3　设计宣传稿正文内容

扫码观看视频

本案例的正文内容涉及了图片、表格、SmartArt图形和视频的添加与设置操作。下面将依次对这些元素的设置进行详细的介绍。

Step 01 **新建空白幻灯片**。在"开始"选项卡中单击"新建幻灯片"下拉按钮，从列表中选择"空白"选项，如图10-63所示。

Step 02 **插入图片**。新建第2张幻灯片，在幻灯片中输入相关文本内容，然后插入一张图片，并调整图片的大小和位置，如图10-64所示。

图10-63

图10-64

Step 03 **启动"删除背景"命令。** 选中图片，在"格式"选项卡的"调整"选项组中单击"删除背景"按钮，如图10-65所示。

Step 04 **标记保留区域。** 进入背景删除状态，单击"标记要保留的区域"按钮，然后拖动鼠标在需要保留的区域进行标记，如图10-66所示。

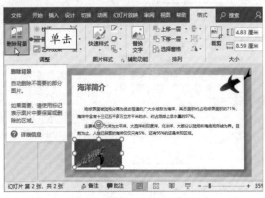

图10-65

图10-66

Step 05 **完成背景删除。** 标记完成后，单击"保留更改"按钮，即可将图片的背景删除，最后适当地调整图片的位置，如图10-67所示。

Step 06 **插入表格。** 按Enter键新建第3张幻灯片，然后打开"插入"选项卡，在"表格"选项组中单击"表格"下拉按钮，在列表中滑动鼠标选取2行2列的表格，如图10-68所示。

图10-67

图10-68

● **新手误区：** 对图片进行删除背景操作时，选择的图片必须是背景和要保留的区域颜色差异较大的图片，如果背景和要保留区域的颜色相同或相似，则很难进行背景删除操作。

Step 07 **清除表格样式。** 插入表格后，打开"表格工具-设计"选项卡，在"表格样式"选项组中单击"其他"按钮，如图10-69所示。从展开的列表中选择"清除表格"选项，如图10-70所示。

图10-69

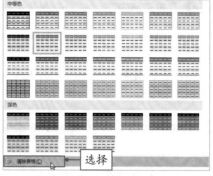

图10-70

Step 08 **填充图片。**将光标插入到第1行第1列中，在"设计"选项卡中单击"底纹"下拉按钮，从列表中选择"图片"选项，如图10-71所示。

Step 09 **查看效果。**在"插入图片"对话框中选择需要的图片，即可将所选图片插入到光标所在的单元格中。按照同样的方法插入其他图片，并适当地调整表格的行高和列宽，如图10-72所示。

图10-71

图10-72

Step 10 **设置边框样式。**选中表格，在"设计"选项卡的"绘制边框"选项组中设置笔样式、笔划粗细和笔颜色，如图10-73所示。

Step 11 **应用边框样式。**设置完成后，单击"边框"下拉按钮，从列表中选择"所有框线"选项，即可将边框样式应用到表格上，如图10-74所示。

图10-73

图10-74

Step 12 **添加文本内容。**在四张图片的中心位置绘制圆形，设置好圆形的颜色和轮廓，并在圆形中输入文本，如图10-75所示。

Step 13 **设计第4张幻灯片。**先插入图片，然后对图片的样式进行设置，并利用"裁剪为形状"功能对所需图片进行裁剪，如图10-76所示。具体的操作方法，用户可以参考正文中"图片应用"的相关内容。

图10-75

图10-76

Step 14 **设计第5张幻灯片。**插入所需图片，对图片的色调、样式进行设置。利用"裁剪"功能对图片进行裁剪，然后利用"形状"功能对图片进行说明，如图10-77所示。

Step 15 **插入SmartArt图形。**新建第6张幻灯片，然后打开"插入"选项卡，在"插图"选项组中单击"SmartArt"按钮，如图10-78所示。

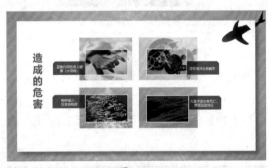

图10-77

图10-78

● **新手误区：**用户在设计第5张幻灯片中的图片时，需要先复制一张图片，然后再对复制后的图片进行裁剪，这样才能达到以上的图片效果。

Step 16 **选择SmartArt图形。**打开"选择SmartArt图形"对话框，从中选择合适的流程图，然后单击"确定"按钮，如图10-79所示。

Step 17 **添加形状。**插入SmartArt图形后，选择形状，在"SmartArt工具-设计"选项卡中单击"添加形状"下拉按钮，从列表中选择"在后面添加形状"选项，如图10-80所示。

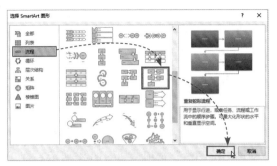

图10-79

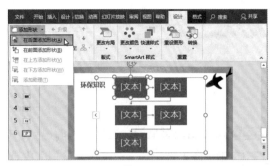

图10-80

Step 18 **输入文本。** 按照上述方法添加多个形状后，在形状中输入相关的文本内容，然后适当地调整SmartArt图形的大小，如图10-81所示。

Step 19 **更改SmartArt图形的颜色。** 选择SmartArt图形，在"设计"选项卡中单击"更改颜色"下拉按钮，从列表中选择合适的主题颜色，如图10-82所示。

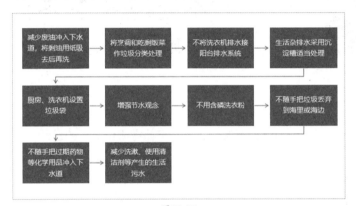

图10-81

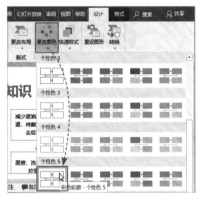

图10-82

Step 20 **插入视频。** 新建第7张幻灯片，打开"插入"选项卡，在"媒体"选项组中单击"视频"下拉按钮，从列表中选择"PC上的视频"选项，如图10-83所示。打开"插入视频文件"对话框，从中选择视频后单击"插入"按钮即可，如图10-84所示。

图10-83

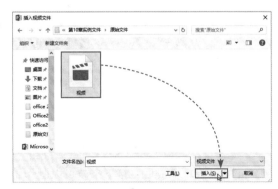

图10-84

知识拓展

　　要想插入音频的话，只需在"媒体"选项组中单击"音频"下拉按钮，从列表中选择"PC上的音频"选项即可。

Step 21 **设置海报框架。** 选择插入的视频，打开"视频工具-格式"选项卡，在"调整"选项组中单击"海报框架"下拉按钮，从列表中选择"文件中的图像"选项，如图10-85所示。打开"插入图片"对话框，从中选择图片后单击"插入"按钮即可，如图10-86所示。

图10-85

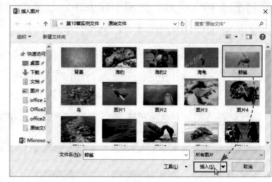
图10-86

Step 22 **查看效果。** 此时，可以看到为视频添加海报框架的效果，至此完成正文页的设计，如图10-87所示。

图10-87

■10.4.4　设计宣传稿结尾页内容

　　正文页设计完成后，接下来就可以制作结尾页内容，将其构成完整的演示文稿，具体操作方法如下。

Step 01 **新建空白幻灯片。** 在"开始"选项卡中单击"新建幻灯片"下拉按钮，从列表中选择"空白"选项，新建第8张空白幻灯片，如图10-88所示。

Step 02 **更换背景图片。** 在"设计"选项卡中单击"设置背景格式"按钮，打开"设置背景格式"窗格，在"填充"选项组中选中"图片或纹理填充"单选按钮，然后单击下方的"文件"按钮，选择合适的背景图片，最后勾选"隐藏背景图形"复选框即可，如图10-89所示。

图10-88

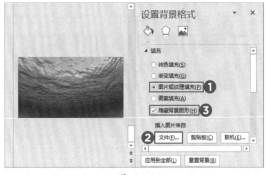
图10-89

Step 03 **输入文本。** 最后，在页面的合适位置绘制一个文本框，输入文本内容，即可完成结尾页的设计，如图10-90所示。

图10-90

Ⓟ 课后作业

通过前面的讲解，相信大家掌握了幻灯片的一些基本操作，下面综合利用所学知识制作一个"工作总结报告"演示文稿。

操作提示

（1）设计母版幻灯片。

（2）为标题幻灯片填充图片背景。

（3）使用图形和文本框元素设计标题页。

（4）使用图形的"组合"命令、应用"表格"功能、应用SmartArt图形等设计正文页。

（5）通过"复制"命令新建结尾页幻灯片，并更改幻灯片中的图形元素和文本内容。

效果参考

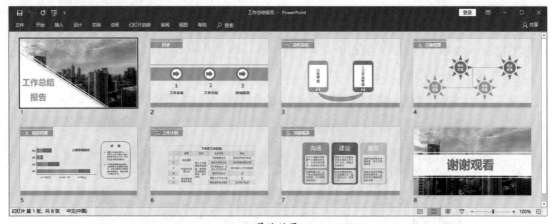

最终效果

Tips

在制作过程中，如有疑问，可以与我们进行在线交流（QQ群号：728245398）。

第 11 章

放映酷炫的
幻灯片动画

制作演示文稿的最终目的是在演讲中放映，那么要想在放映演示文稿时快速吸引观众的注意力，为幻灯片中的对象添加动画效果，让幻灯片页面动起来是最佳的选择。本章内容将对PPT动画效果的设计、页面切换设计、超链接的添加和幻灯片的放映和输出进行详细的介绍。

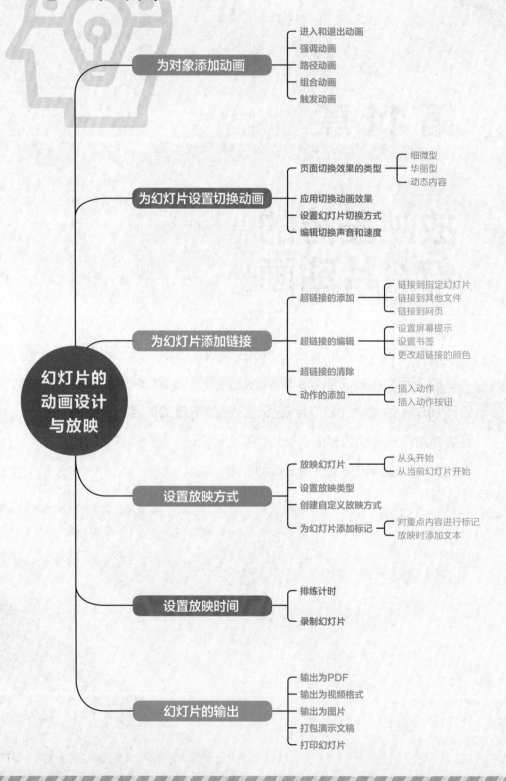

P 思维导图

幻灯片的动画设计与放映

为对象添加动画
- 进入和退出动画
- 强调动画
- 路径动画
- 组合动画
- 触发动画

为幻灯片设置切换动画
- 页面切换效果的类型
  - 细微型
  - 华丽型
  - 动态内容
- 应用切换动画效果
- 设置幻灯片切换方式
- 编辑切换声音和速度

为幻灯片添加链接
- 超链接的添加
  - 链接到指定幻灯片
  - 链接到其他文件
  - 链接到网页
- 超链接的编辑
  - 设置屏幕提示
  - 设置书签
  - 更改超链接的颜色
- 超链接的清除
- 动作的添加
  - 插入动作
  - 插入动作按钮

设置放映方式
- 放映幻灯片
  - 从头开始
  - 从当前幻灯片开始
- 设置放映类型
- 创建自定义放映方式
- 为幻灯片添加标记
  - 对重点内容进行标记
  - 放映时添加文本

设置放映时间
- 排练计时
- 录制幻灯片

幻灯片的输出
- 输出为PDF
- 输出为视频格式
- 输出为图片
- 打包演示文稿
- 打印幻灯片

ⓟ 知识速记

11.1 ┃ 动画效果设计

动画效果按不同的类型可以分为：进入动画、退出动画、强调动画、路径动画和组合动画。为了增强幻灯片的观赏性，可以为幻灯片中的对象添加合适的动画效果。

■ 11.1.1　进入和退出动画

进入动画是对象在幻灯片页面中从无到有、逐渐出现的动画过程。在"动画"选项卡的"动画"选项组中单击"其他"按钮，在列表中选择所需的进入动画效果即可，如图11-1所示。

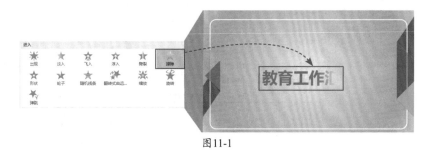

图11-1

退出动画是对象从有到无、逐渐消失的动画过程。同样是在"动画"选项组中单击"其他"按钮，在展开的列表中选择适合的退出动画效果，如图11-2所示。退出动画一般与其他动画组合使用。

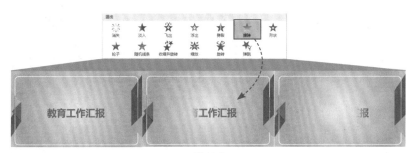

图11-2

知识拓展

在"动画"选项卡的"计时"选项组中，用户可以设置动画的开始方式、持续时间和延迟时间，如图11-3所示。

图11-3

■11.1.2　强调动画

强调动画可以重点显示对象，在放映的过程中能够吸引观众的注意力。对文本使用强调动画后，单击"动画"选项组的对话框启动器按钮，在打开的动画效果对话框中，用户可以对强调动画的基本属性进行设置，如设置字体颜色、样式、动画文本、字母之间的延迟秒数等，如图11-4所示。

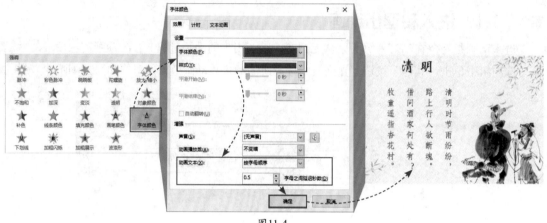

图11-4

知识拓展

在"动画"列表中选择"更多强调效果"选项，会弹出"更改强调效果"对话框，在该对话框中可以选择更多的强调动画效果，如基本、细微、温和、华丽的强调动画效果，如图11-5所示。

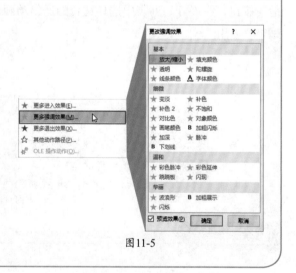

图11-5

■11.1.3　路径动画

路径动画是指对象沿设定好的路径进行运动的动画。在"动画"列表中的"动作路径"选项中，用户可以根据需要选择合适的路径效果。如果用户希望自行绘制所需路径，可以选择"自定义路径"选项。

这里为"蜻蜓"绘制飞行路径，绘制完成后，可以在"计时"选项组中设置动画的"持续时间"，来控制"蜻蜓"的飞行速度，如图11-6所示。用户也可以通过"动画"选项组的对话框启动器按钮打开"自定义路径"对话框，来对该动画属性进行详细的设置，如图11-7所示。

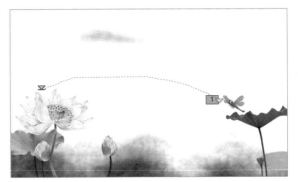

图11-6　　　　　　　　　　　　　　　　　　图11-7

知识拓展

为对象添加动画效果后，在对象的左上角会出现一个动画序号"1"，如图11-8所示。该序号表示动画播放的顺序。

图11-8

11.2　页面切换设计

为幻灯片设置切换效果，可以使各个幻灯片之间实现无缝连接，使整个演示文稿的放映变得更加生动活泼。

■ 11.2.1　页面切换效果的类型

PPT为用户提供了三种类型的幻灯片页面切换效果，包括细微型、华丽型、动态内容。其中，细微型又分为平滑、淡入或淡出、推入、分割等切换效果；华丽型分为跌落、悬挂、折断、棋盘、百叶窗等切换效果；动态内容分为平移、摩天轮、旋转、窗口等切换效果，如图11-9所示。

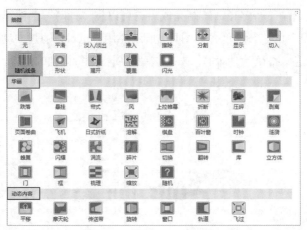

图11-9

■11.2.2 设置页面切换效果

在"切换"选项卡的"切换到此幻灯片"选项组中单击"其他"按钮,在展开的列表中,用户可以根据需要选择合适的页面切换效果,这里选择"日式折纸"切换效果,如图11-10所示。

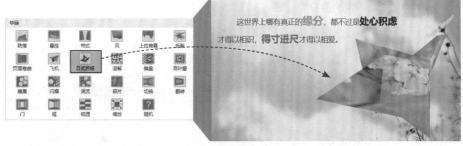

图11-10

■11.2.3 设置切换模式

为幻灯片设置切换效果后,用户还可以为切换效果添加声音,或者设置页面的切换速度。只需在"切换"选项卡的"计时"选项组中对"声音"和"持续时间"进行设置即可,如图11-11所示。

除此之外,用户还可以设置页面的切换方式。在"切换"选项卡的"计时"选项组中勾选"单击鼠标时"复选框,则放映幻灯片时以单击鼠标的方式来切换页面。

勾选"设置自动换片时间"复选框,并在后面的数值框中设置自动换片时间,则放映幻灯片时自动切换页面，如图11-12所示。

图11-11

图11-12

11.3 | 超链接的添加

在放映幻灯片时，如果需要引用其他内容，则可以为幻灯片中的对象添加超链接。用户可以将其链接到指定幻灯片、其他文件、网页等。

■11.3.1 链接到指定幻灯片

选择需要添加超链接的对象，在"插入"选项卡的"链接"选项组中单击"链接"按钮，在"插入超链接"对话框中选择"本文档中的位置"选项，然后在右侧"请选择文档中的位置"列表框中选择需要链接到的幻灯片，即可将所选对象链接到指定的幻灯片，如图11-13所示。

扫码观看视频

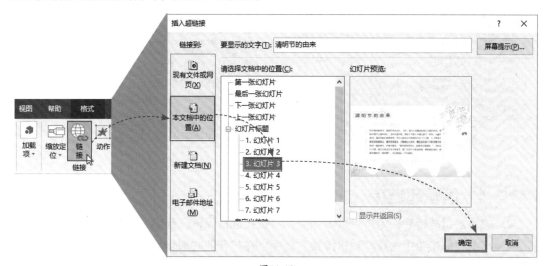

图11-13

■11.3.2 链接到其他文件

在为幻灯片中的对象添加超链接时，用户不仅可以链接到演示文稿内部的幻灯片，还可以链接到其他文件。选择需要添加超链接的对象后，打开"插入超链接"对话框，选择"现有文件或网页"选项，然后在右侧单击"浏览文件"按钮，打开"链接到文件"对话框，从中选择需要链接的文件即可，如图11-14所示。

扫码观看视频

图11-14

■ 11.3.3　链接到网页

扫码观看视频

在放映幻灯片时，为了扩大信息范围，可以为文本设置链接到网页的超链接。选择需要添加超链接的对象后，打开"插入超链接"对话框，选择"现有文件或网页"选项，然后在"地址"文本框中输入网页地址，如图11-15所示，即可将所选对象链接到相关网页。

选中添加超链接的对象，右击，从弹出的快捷菜单中选择"打开链接"命令，如图11-16所示。或者在放映幻灯片时直接单击超链接对象，即可访问链接的对象。

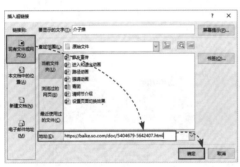

图11-15

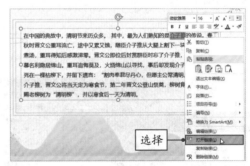

图11-16

■ 11.3.4　编辑超链接

为对象添加超链接后，用户可以根据需要对链接进行编辑。选中设置超链接的对象后，右击，从弹出的快捷菜单中选择"编辑链接"命令，在打开的"编辑超链接"对话框中可以为链接设置屏幕提示和书签，如图11-17所示。

图11-17

■11.3.5　添加动作

除了为对象设置超链接来跳转到指定幻灯片外，用户还可以使用动作或动作按钮来实现。选择需要添加动作的对象，在"插入"选项卡中单击"动作"按钮，打开"操作设置"对话框，从中选中"超链接到"单选按钮，并在其下拉列表中选择"幻灯片"选项，在弹出的"超链接到幻灯片"对话框中选择需要链接到的幻灯片即可，如图11-18所示。添加动作和添加超链接具有相同的作用。

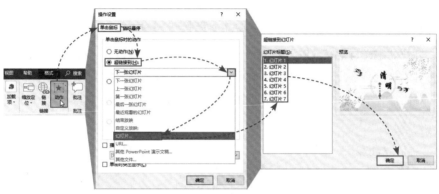

图11-18

用户还可以通过添加动作按钮来实现页面跳转操作。在"插入"选项卡中单击"形状"下拉按钮，从列表中选择动作按钮，并在幻灯片页面绘制动作按钮，随后打开"操作设置"对话框，对"超链接到"和"播放声音"选项进行设置，如图11-19所示。在放映幻灯片时，单击添加的动作按钮即可跳转到指定的幻灯片。

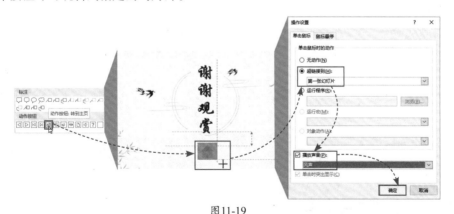

图11-19

11.4 放映幻灯片

演示文稿制作完成后，按F5键即可快速放映当前的演示文稿。除此之外，用户还可以使用其他方法来放映幻灯片，下面将对幻灯片的放映功能进行介绍。

■11.4.1　如何放映幻灯片

放映幻灯片时，一般会选择从第1张幻灯片开始放映。那么，只需在"幻灯片放映"选项卡中单击"从头开始"按钮即可；单击"从当前幻灯片开始"按钮，则可以从当前选中的幻灯片开始放映，如图11-20所示。

图11-20

如果用户想要自定义幻灯片的放映，可以在"幻灯片放映"选项卡中单击"自定义幻灯片放映"下拉按钮，从列表中选择"自定义放映"选项，在"自定义放映"对话框中单击"新建"按钮，打开"定义自定义放映"对话框，从中设置"幻灯片放映名称"，并勾选需要放映的幻灯片，将其添加到"在自定义放映中的幻灯片"列表框中，如图11-21所示。确认后返回"自定义放映"对话框，单击"放映"按钮，即可放映指定的幻灯片。

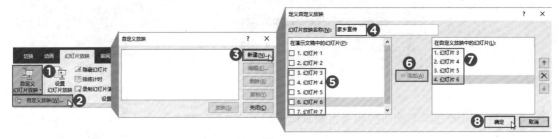
图11-21

知识拓展

如果用户想要删除自定义放映，则再次打开"自定义放映"对话框，从中选择自定义放映的名称后单击"删除"按钮即可，如图11-22所示。

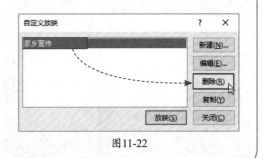
图11-22

■11.4.2　设置放映类型

在对幻灯片进行放映之前，可以根据需要选择幻灯片的放映类型。在"幻灯片放映"选项卡中单击"设置幻灯片放映"按钮，在打开的"设置放映方式"对话框中可以对放映类型进行设置，如图11-23所示。

下面对放映类型进行简单的说明。

- **演讲者放映（全屏幕）：** 以全屏幕的方式放映演示文稿，演讲者可以完全控制演示文稿的放映。
- **观众自行浏览（窗口）：** 以窗口形式运行演示文稿，只允许观众对演示文稿进行简单的控制，包括切换幻灯片、上下滚动等。
- **在展台浏览（全屏幕）：** 在该模式下，不需要专人控制即可自动放映演示文稿。不能单击鼠标手动放映幻灯片，但可以通过动作按钮、超链接进行切换。

图11-23

■11.4.3　应用墨迹功能

在放映幻灯片的过程中，如果想对重点内容进行标记，可以通过"画笔"或"荧光笔"工具进行标记。按F5键放映幻灯片后，在幻灯片页面右击，从列表中选择"指针选项"命令，然后选择"荧光笔"选项，如图11-24所示。拖动鼠标可以在需要标记的内容上进行标记，如图11-25所示。

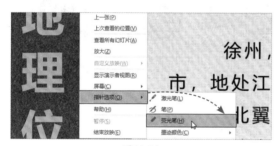
图11-24

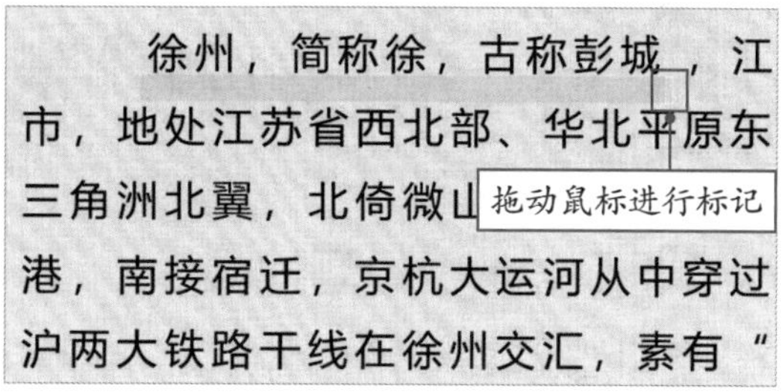

图11-25

标记完成后按Esc键退出，幻灯片放映结束后会弹出一个对话框，如图11-26所示，询问用户是否保留墨迹注释，单击"保留"按钮，则保留墨迹注释；单击"放弃"按钮，则清除墨迹注释。

图11-26

11.5　控制放映时间

在放映演示文稿前，若想控制演示文稿的放映时间，可以对文稿设定计时，或者通过"录制幻灯片"功能来控制放映时间。

■11.5.1　排练计时

为幻灯片设置排练计时，可以很好地控制放映节奏。在"幻灯片放映"选项卡中单击"排练计时"按钮，如图11-27所示。会自动进入放映状态，在幻灯片左上角出现"录制"工具栏，中间时间代表当前幻灯片放映所需的时间，右边时间代表放映所有幻灯片累计所需的时间，如图11-28所示。用户根据实际情况，设置每张幻灯片的停留时间，放映到最后一张幻灯片时，单击鼠标会出现一个提示对话框，直接单击"是"按钮，如图11-29所示，即可保留排练的时间。

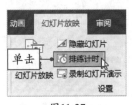

图11-27

图11-28

图11-29

保留排练时间后，在"视图"选项卡中单击"幻灯片浏览"按钮，进入浏览界面，可以看到每张幻灯片放映所需的时间，如图11-30所示。

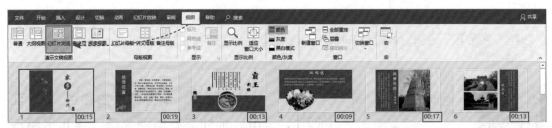

图11-30

■11.5.2　录制幻灯片演示

在"幻灯片放映"选项卡中单击"录制幻灯片演示"下拉按钮，从列表中选择"从头开始录制"选项，如图11-31所示，即可进入录制状态，幻灯片四周显示工具栏，用户可以根据需要进行录制、停止、重播、备注、旁白等设置操作，如图11-32所示。录制完成后，单击鼠标退出录制，最后单击"从头开始"按钮放映录制的幻灯片。

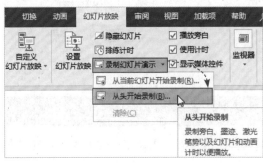

图11-31

图11-32

知识拓展

　　录制幻灯片后，在"幻灯片放映"选项卡中单击"录制幻灯片演示"下拉按钮，从列表中选择"清除"选项，并从其级联列表中根据需要进行选择，如图11-33所示，可以清除幻灯片中的录制计时。

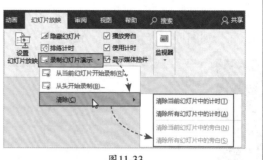

图11-33

11.6 输出幻灯片

　　制作完演示文稿后，用户可以根据需要将演示文稿输出为其他格式，如输出为PDF、输出为视频格式、输出为图片等。

■ 11.6.1　输出为PDF格式

　　将演示文稿输出为PDF，既方便传阅，又可以防止他人擅自更改。打开"文件"菜单，选择"导出"选项，在"导出"界面中选择"创建PDF/XPS文档"选项，然后在右侧单击"创建PDF/XPS"按钮，如图11-34所示。在弹出的"发布为PDF或XPS"对话框中设置保存位置和文件名，单击"发布"按钮，即可将演示文稿输出为PDF格式，如图11-35所示。

扫码观看视频

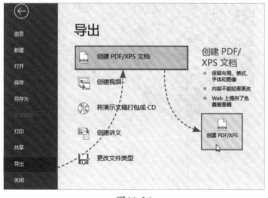

图11-34

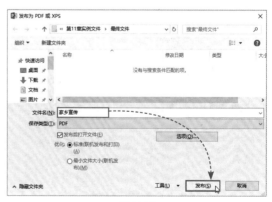

图11-35

■ 11.6.2　输出为视频格式

　　用户可以将演示文稿以视频的形式放映出来。在"文件"菜单中选择"导出"选项，然后在"导出"界面中选择"创建视频"选项，并在右侧区域设置"放映每张幻灯片的秒数"，单击"创建视频"按钮，如图11-36所示。在打开的"另存为"对话框中设置保存位置和名称，保存后等待一会儿就可以将演示文稿输出为视频格式了，如图11-37所示。

扫码观看视频

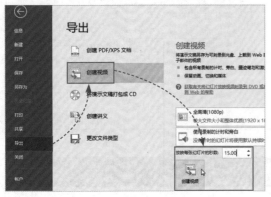

图11-36

图11-37

■ 11.6.3　输出为图片

通过"另存为"对话框，用户可以将演示文稿输出为图片格式。在"文件"菜单中选择"另存为"选项，然后在"另存为"界面单击"浏览"按钮，在打开的"另存为"对话框中设置"保存类型"为"JPEG文件交换格式"，如图11-38所示。最后进行保存操作，即可将演示文稿输出为图片格式，如图11-39所示。

图11-38

图11-39

11.6.4　打包演示文稿

当用户需要将演示文稿上传到其他平台时，可以将其打包成压缩文件。下面就详细介绍一下操作流程。

Step 01 启动"导出"命令。打开"文件"菜单，选择"导出"选项，在"导出"界面选择

"将演示文稿打包成CD"选项，并在右侧单击"打包成CD"按钮，如图11-40所示。

Step 02 **添加文件。** 打开"打包成CD"对话框，单击"添加"按钮，如图11-41所示。

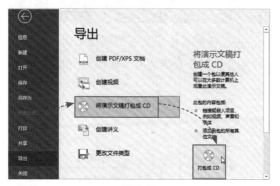

图11-40

图11-41

Step 03 **选择文件。** 打开"添加文件"对话框，从中选择需要添加进行打包的演示文稿，然后单击"添加"按钮，如图11-42所示。

Step 04 **复制到文件夹。** 返回"打包成CD"对话框，单击下方的"复制到文件夹"按钮，如图11-43所示。

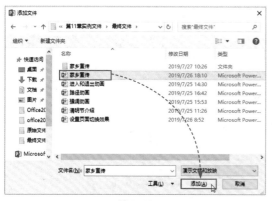

图11-42

图11-43

Step 05 **设置名称和位置。** 打开"复制到文件夹"对话框，从中设置"文件夹名称"和"位置"，设置完成后单击"确定"按钮，如图11-44所示。

Step 06 **完成打包。** 弹出一个提示对话框，直接单击"是"按钮，如图11-45所示。系统开始复制文件，复制完成后，即可完成演示文稿的打包。

图11-44

图11-45

综合实战

11.7 制作清明节主题文稿

清明节是中国的传统节日之一，它凝聚着民族精神，传承了中华文明的祭祀文化，抒发人们尊祖敬宗、继志述事的道德情怀。下面将向用户详细介绍制作介绍清明节演示文稿的流程。

■11.7.1 添加动画

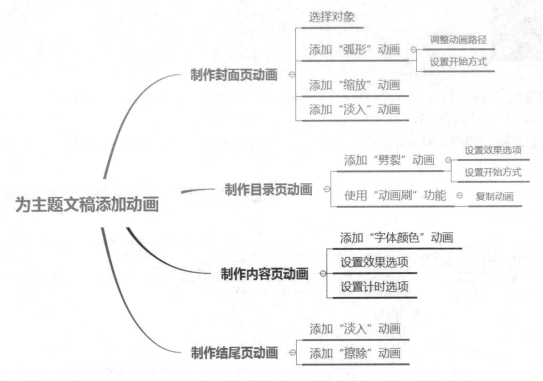

为演示文稿添加动画可以提高文稿的阅读性，但需要说明的是，用户只需对重点页面设置动画即可，否则会引起视觉疲劳，从而影响阅读效果。

1．制作封面页动画

用户可以为第1张幻灯片中的对象添加路径动画和进入动画，具体操作方法如下。

Step 01 **选择对象**。选中第1张幻灯片中的图片，打开"动画"选项卡，在"动画"选项组中单击"动画样式"下拉按钮，如图11-46所示。

Step 02 **添加"弧形"动画**。从展开的列表中选择"动作路径"选项下的"弧形"动画效果，如图11-47所示。

Step 03 **调整动画路径**。此时，可以看到为图片添加的路径动画，如图11-48所示。用户可以使用鼠标拖动调整动画路径的方向和长度，如图11-49所示。

图11-46

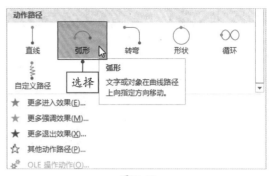

图11-47

图11-48

图11-49

Step 04 **设置开始方式。**在"动画"选项卡的"计时"选项组中单击"开始"右侧的下拉按钮，从列表中选择"与上一动画同时"选项，如图11-50所示。

Step 05 **添加"缩放"动画。**选中对象，在"动画"选项组中单击"动画样式"下拉按钮，从列表中选择"进入"选项下的"缩放"动画效果，如图11-51所示。

图11-50

图11-51

Step 06 **设置开始方式。**在"计时"选项组中将"开始"方式设置为"上一动画之后"，如图11-52所示。

Step 07 **添加"淡入"动画。**选中图片，为其添加"淡入"动画效果，然后在"计时"选项组中将"开始"方式设置为"上一动画之后"，如图11-53所示。

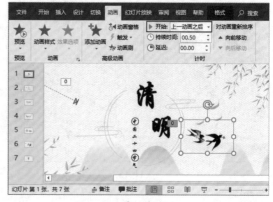

图11-52

图11-53

Step 08 **预览效果。**单击"预览"按钮,预览添加的动画效果,如图11-54所示。

图11-54

知识拓展

　　如果用户想要删除添加的动画效果,可以选择添加的动画序号,然后直接按Delete键即可,如图11-55所示。或者在"动画样式"列表中选择"无"效果。

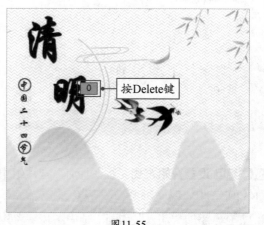

按Delete键

图11-55

2．制作目录页动画

在目录页中用户为对象添加动画后，可以使用"动画刷"功能为其他对象应用相同的动画效果，具体操作方法如下。

Step 01 **选择对象。** 选择第2张幻灯片中的"目录"文本，在"动画"选项卡的"动画"选项组中单击"动画样式"下拉按钮，如图11-56所示。

Step 02 **添加"劈裂"动画。** 从展开的列表中选择"进入"选项下的"劈裂"动画效果，如图11-57所示。

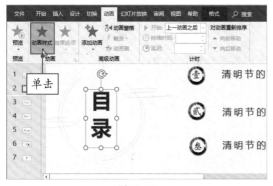

图11-56

图11-57

Step 03 **设置效果选项。** 在"动画"选项组中单击"效果选项"下拉按钮，从列表中选择"上下向中央收缩"选项，如图11-58所示。

Step 04 **设置开始方式。** 在"计时"选项组中将"开始"方式设置为"与上一动画同时"，如图11-59所示。

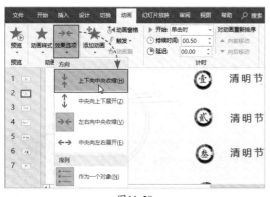

图11-58

图11-59

Step 05 **启动"动画刷"命令。** 选中对象，为其添加"劈裂"动画效果，然后将"开始"方式设置为"上一动画之后"，接着双击"动画刷"按钮，如图11-60所示。

Step 06 **复制动画。** 此时，鼠标光标变为小刷子形状，在其他对象上单击鼠标，即可将该对象的动画效果复制到其他对象上，如图11-61所示。设置完成后按Esc键结束。

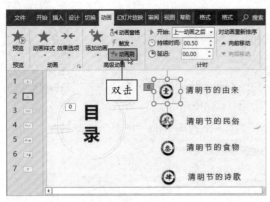

图11-60   图11-61

Step 07 **预览效果。**单击"预览"按钮，预览设置的动画效果，如图11-62所示。

图11-62

3.制作内容页动画

对于一些重点内容，用户可以为其添加强调动画以起到醒目的效果，具体操作方法如下。

Step 01 **添加"字体颜色"动画。**选择第3张幻灯片中的文本，在"动画"选项组中单击"动画样式"下拉按钮，从列表中选择"强调"选项下的"字体颜色"动画效果，如图11-63所示。

扫码观看视频

Step 02 **启动"效果选项"命令。**在"高级动画"选项组中单击"动画窗格"按钮，打开动画窗格，选择添加"字体颜色"动画效果的选项，然后右击，从弹出的快捷菜单中选择"效果选项"选项，如图11-64所示。

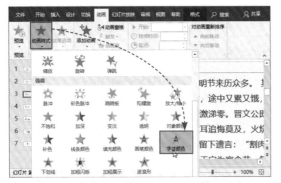

图11-63

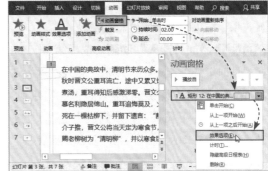

图11-64

Step 03 **设置效果。** 打开"字体颜色"对话框，在"效果"选项卡中设置"字体颜色"，然后将"动画文本"设置为"按字母顺序"，"字母之间延迟"为10%，如图11-65所示。切换至"计时"选项卡，将"开始"设置为"与上一动画同时"，将"期间"设置为"非常快（0.5秒）"，设置完成后单击"确定"按钮，如图11-66所示。

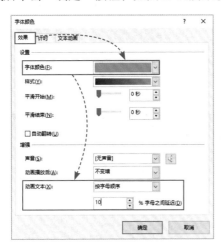

图11-65

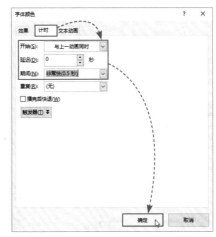

图11-66

Step 04 **查看动画效果。** 单击"预览"按钮，预览设置的强调动画效果，如图11-67所示。

图11-67

4. 制作结尾页动画

演示文稿的最后一张幻灯片一般都是表示感谢的结尾幻灯片，用户可以对其添加合适的动画效果，结束整个演示文稿的放映。

Step 01 添加"淡入"动画。选择第7张幻灯片中的对象，为其添加"淡入"动画效果，然后在"计时"选项组中将"开始"方式设置为"与上一动画同时"，如图11-68所示。

Step 02 添加"擦除"动画。选择"谢谢观赏"文本，为其添加"擦除"动画效果，然后单击"效果选项"下拉按钮，从列表中选择"自顶部"选项，接着在"计时"选项组中将"开始"设置为"上一动画之后"，如图11-69所示。

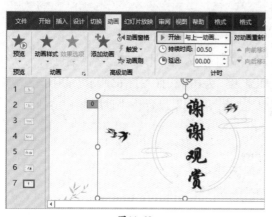

图11-68　　　　　　　　　　　图11-69

Step 03 查看动画效果。单击"预览"按钮，预览制作的结尾页动画效果，如图11-70所示。

图11-70

■11.7.2　添加页面切换效果

除了为幻灯片中的对象添加动画效果外，用户还可以为幻灯片添加切换效果，具体操作方法如下。

扫码观看视频

Step 01 **选择切换效果。** 选中幻灯片，打开"切换"选项卡，在"切换到此幻灯片"选项组中单击"切换效果"下拉按钮，如图11-71所示。从展开的列表中选择"百叶窗"效果，如图11-72所示。

图11-71

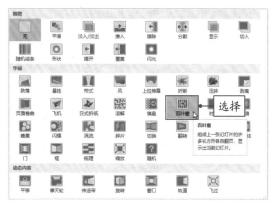

图11-72

Step 02 **设置效果选项。** 单击"效果选项"下拉按钮，从列表中选择"水平"选项，如图11-73所示。

Step 03 **应用到全部幻灯片。** 在"计时"选项组中将"声音"设置为"风铃"，将"持续时间"设置为"02.00"，单击"应用到全部"按钮，如图11-74所示。

图11-73

图11-74

Step 04 **预览切换效果。** 单击"预览"按钮，预览设置的幻灯片切换效果，如图11-75所示。

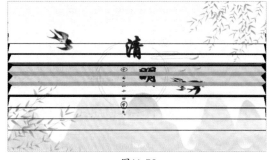

图11-75

■ 11.7.3 加载页面链接

用户可以为幻灯片中的对象添加超链接，快速链接到相关的内容，具体操作方法如下。

Step 01 启动"链接"命令。选择第2张幻灯片中的文本内容，打开"插入"选项卡，在"链接"选项组中单击"链接"按钮，如图11-76所示。

Step 02 设置链接。打开"插入超链接"对话框，在"链接到"列表中选择"本文档中的位置"选项，然后在"请选择文档中的位置"列表框中选择需要链接到的幻灯片，这里选择"幻灯片3"，接着单击"屏幕提示"按钮，如图11-77所示。

图11-76

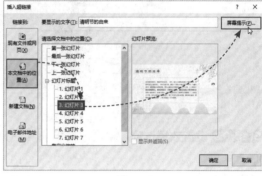

图11-77

Step 03 设置屏幕提示。打开"设置超链接屏幕提示"对话框，在"屏幕提示文字"文本框中输入提示内容，然后单击"确定"按钮，如图11-78所示。

Step 04 查看效果。返回"插入超链接"对话框，直接单击"确定"按钮返回幻灯片页面，此时可以看到选中的文本下方出现了蓝色的下划线，将光标移至文本上方会出现提示内容，如图11-79所示。最后按照同样的方法为其他文本设置超链接。

图11-78

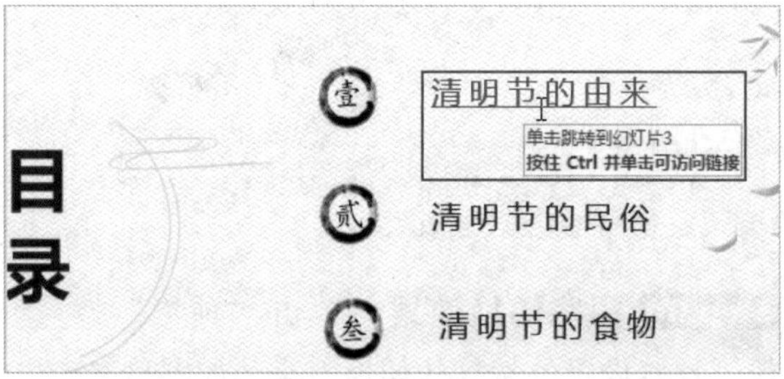

图11-79

至此，该主题文稿制作完毕，用户直接按F5键即可查看最终的放映效果。

■ 11.7.4 输出为视频格式

主题文稿制作完成后，用户可以对文稿效果进行预览操作。内容确认无误后，可以将文稿进行输出。这里将文稿输出为视频格式，以方便用户在没有安装Office的计算机上观看该文稿。

Step 01 执行"导出"命令。打开"文件"菜单，选择"导出"选项，然后在"导出"界面选择"创建视频"选项，如图11-80所示。

Step 02 启动"创建视频"命令。在右侧的"创建视频"区域设置"放映每张幻灯片的秒数"，然后单击"创建视频"按钮，如图11-81所示。

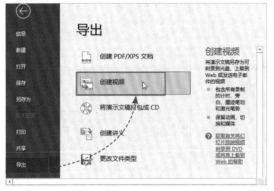

图11-80

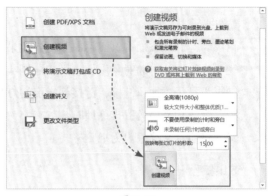

图11-81

Step 03 设置保存位置。打开"另存为"对话框，从中选择视频的保存位置，然后单击"保存"按钮，如图11-82所示。

Step 04 查看效果。在幻灯片页面底部的状态栏中会显示创建视频的进度，创建完成后，打开创建的视频查看效果，如图11-83所示。

图11-82

图11-83

P 课后作业

通过前面的讲解，相信大家已经掌握了动画的添加、页面切换效果的添加、超链接的添加和幻灯片的放映，下面综合利用所学知识制作一个宣传家乡文化的演示文稿。

操作提示

（1）为幻灯片添加"页面卷曲"切换效果。

（2）为幻灯片中的对象添加进入、强调、组合动画。

（3）为目录添加超链接，链接到指定幻灯片。

（4）为演示文稿设置排练计时。

（5）将演示文稿输出为视频格式。

效果参考

进入动画效果

切换动画效果

Tips

在制作过程中，如有疑问，可以与我们进行在线交流（QQ群：728245398）。

第 12 章

制作垃圾分类宣传演示文稿

现在垃圾分类成为一种新的潮流，对垃圾进行分类不仅可以充分利用资源，还可以保护环境。本章将综合利用所学的知识点，向大家介绍如何制作垃圾分类宣传演示文稿。其涉及的知识点包括图片、图形、文本、表格的应用，以及动画的添加和幻灯片的放映。

思维导图

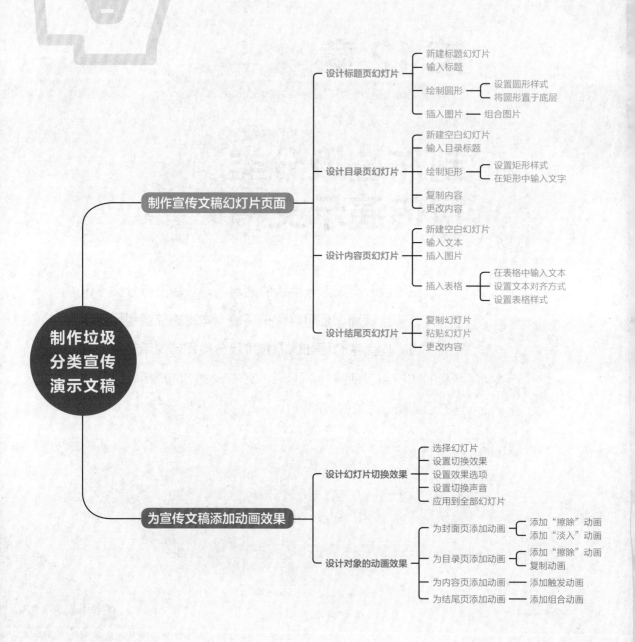

制作垃圾分类宣传演示文稿

制作宣传文稿幻灯片页面

设计标题页幻灯片
- 新建标题幻灯片
- 输入标题
- 绘制圆形
  - 设置圆形样式
  - 将圆形置于底层
- 插入图片 —— 组合图片

设计目录页幻灯片
- 新建空白幻灯片
- 输入目录标题
- 绘制矩形
  - 设置矩形样式
  - 在矩形中输入文字
- 复制内容
- 更改内容

设计内容页幻灯片
- 新建空白幻灯片
- 输入文本
- 插入图片
- 插入表格
  - 在表格中输入文本
  - 设置文本对齐方式
  - 设置表格样式

设计结尾页幻灯片
- 复制幻灯片
- 粘贴幻灯片
- 更改内容

为宣传文稿添加动画效果

设计幻灯片切换效果
- 选择幻灯片
- 设置切换效果
- 设置效果选项
- 设置切换声音
- 应用到全部幻灯片

设计对象的动画效果
- 为封面页添加动画
  - 添加"擦除"动画
  - 添加"淡入"动画
- 为目录页添加动画
  - 添加"擦除"动画
  - 复制动画
- 为内容页添加动画 —— 添加触发动画
- 为结尾页添加动画 —— 添加组合动画

综合实战

12.1 制作宣传文稿幻灯片页面

　　制作幻灯片页面其实就是对标题页、目录页、内容页和结尾页幻灯片的制作，下面将介绍如何利用所学知识点，设计出美观、大方的幻灯片页面。

■12.1.1 设计标题页幻灯片

扫码观看视频

　　标题页的设计风格决定了整个演示文稿的风格走向，所以标题页的配色、文字、图片的选择都要贴合主题。本案例已经事先设计好幻灯片母版的风格，用户可以在已有的母版幻灯片上设计标题页幻灯片。

Step 01 **新建标题幻灯片。** 打开"开始"选项卡，在"幻灯片"选项组中单击"新建幻灯片"下拉按钮，从列表中选择"标题幻灯片"选项，如图12-1所示。

Step 02 **输入标题。** 新建第1张幻灯片后，在其中输入标题文本，并设置文本的字体、字号、字体颜色等，如图12-2所示。

图12-1

图12-2

Step 03 **绘制圆形。** 在"插入"选项卡中单击"形状"下拉按钮，从列表中选择"椭圆"选项，然后按住Shift键不放，拖动鼠标绘制一个大小合适的圆形，如图12-3所示。

Step 04 **设置圆形样式。** 打开"绘图工具-格式"选项卡，在"形状样式"选项组中将"形状填充"设置为"绿色，个性色6"，将"形状轮廓"设置为"无轮廓"，如图12-4所示。

图12-3

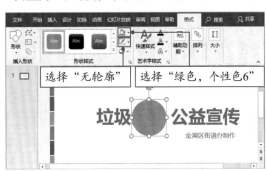

图12-4

Step 05 **置于底层**。选中圆形，在"格式"选项卡的"排列"选项组中单击"下移一层"下拉按钮，从列表中选择"置于底层"选项，如图12-5所示。

Step 06 **更改字体颜色**。将圆形置于文本下方，然后将"分类"文本的字体颜色更改为"白色"，如图12-6所示。

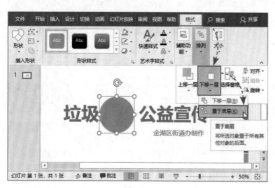

图12-5

图12-6

Step 07 **插入图片**。在"插入"选项卡中单击"图片"按钮，插入"树叶"图片，然后复制图片，并调整图片的大小和位置，如图12-7所示。

Step 08 **组合图片**。选中所有树叶图片，右击，从弹出的快捷菜单中选择"组合"选项，再选择"组合"命令，如图12-8所示。至此，完成标题页幻灯片的设计。

图12-7

图12-8

■12.1.2　设计目录页幻灯片

目录页的设计主要是对图形的应用，如为图形填充颜色、在图形中输入文本等，具体操作步骤如下。

Step 01 **新建空白幻灯片**。在"开始"选项卡中单击"新建幻灯片"下拉按钮，从列表中选择"空白"选项，如图12-9所示。

扫码观看视频

Step 02 **输入目录标题**。新建第2张幻灯片后，在其中输入"目录"文本，并将文本的字体设置为"微软雅黑"，将字号设置为"54"，将字体颜色设置为"绿色"，然后加粗显示，如图12-10所示。

图12-9

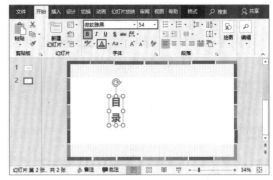

图12-10

Step 03 启动**"编辑文字"命令**。在"形状"列表中选择"矩形"选项，在页面的合适位置绘制一个矩形，然后设置矩形的填充颜色和轮廓。选中矩形，右击，从弹出的快捷菜单中选择"编辑文字"命令，如图12-11所示。

Step 04 **输入文字**。在矩形中输入文字"01"，然后将文字的字体设置为"微软雅黑"，将字号设置为"20"，加粗显示，如图12-12所示。

图12-11

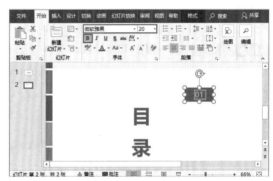

图12-12

Step 05 **复制内容**。在矩形后面绘制一个文本框，输入相关内容，然后同时选中矩形和文本框，将其进行复制，如图12-13所示。

Step 06 **更改内容**。更改矩形和文本框中的文字，如图12-14所示。至此，完成目录页的设计。

图12-13

图12-14

■12.1.3 设计内容页幻灯片

内容页的表现形式更加丰富，但主要以文字方式呈现，以图片、图形、表格等作为辅助理解，下面介绍具体的操作流程。

Step 01 **新建第3张幻灯片。** 选择第2张幻灯片，按Enter键新建第3张空白幻灯片，并在其中输入相关的文本内容，如图12-15所示。

Step 02 **插入图片。** 在"插入"选项卡中单击"图片"按钮，插入多张图片，然后调整图片的大小，并放在幻灯片页面的合适位置，如图12-16所示。

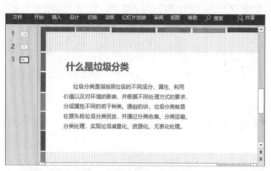

图12-15 图12-16

Step 03 **新建第4张幻灯片。** 在第4张幻灯片中输入相关文本，然后绘制矩形，在矩形中输入文字，如图12-17所示。具体参考制作目录页幻灯片的方法。

Step 04 **新建第5张幻灯片。** 在幻灯片中输入相关内容，然后插入适当的图片，并放在幻灯片页面的合适位置，如图12-18所示。

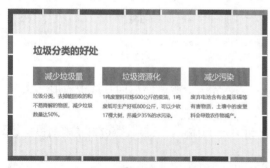

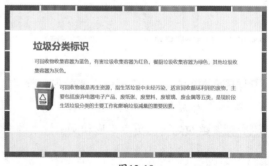

图12-17 图12-18

Step 05 **新建第6张幻灯片。** 同样地，在幻灯片中输入相关内容，然后插入与内容匹配的图片，如图12-19所示。

Step 06 **新建第7张幻灯片。** 在幻灯片中使用文本框，输入相关内容，然后设置文本的字体格式和段落格式，如图12-20所示。

Step 07 **插入表格。** 新建第8张幻灯片，打开"插入"选项卡，单击"表格"下拉按钮，从列表中滑动鼠标选取6行4列的表格，如图12-21所示。

Step 08 **输入文本。** 插入表格后，调整表格的大小和位置，然后在表格中输入文本内容，如图12-22所示。

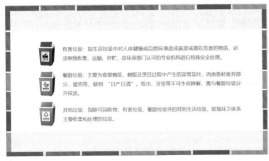

图12-19 图12-20

图12-21 图12-22

Step 09 **设置文本对齐方式。** 选中表格，打开"表格工具-布局"选项卡，在"对齐方式"选项组中单击"居中"和"垂直居中"按钮，将文本居中对齐，如图12-23所示。

图12-23

知识拓展

选中图片后，在"图片工具-格式"选项卡中单击"更改图片"下拉按钮，从列表中选择"来自文件"选项，可以快速将图片更换成其他图片。

Step 10 **设置表格样式。** 选中表格，在"设计"选项卡的"表格样式"选项组中单击"其他"按钮，如图12-24所示。从展开的列表中选择"浅色样式1-强调6"选项，如图12-25所示。

图12-24

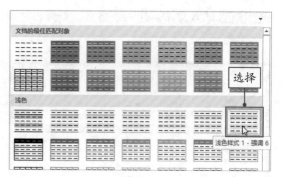

图12-25

Step 11 **查看效果**。此时，可以看到为表格应用内置样式的效果，如图12-26所示。至此，完成内容页幻灯片的设计。

图12-26

■12.1.4　设计结尾页幻灯片

结尾页幻灯片的设计要和标题页幻灯片相呼应，只需复制标题页幻灯片，然后进行修改就可以了，具体操作方法如下。

扫码观看视频

Step 01 **复制幻灯片**。选择第1张幻灯片，右击，从弹出的快捷菜单中选择"复制"命令，如图12-27所示。

Step 02 **粘贴幻灯片**。将光标插入到第8张幻灯片的下方，右击，从弹出的快捷菜单中选择"保留源格式"命令，如图12-28所示。

图12-27

图12-28

Step 03 **更改文本。** 复制为第9张幻灯片，然后更改幻灯片中的文本，如图12-29所示。至此，完成结尾页幻灯片的设计。

图12-29

12.2 为宣传文稿添加动画效果

一个完整的演示文稿不能没有动画效果，为幻灯片适当地添加动画效果，可以让整个演示文稿更加灵动。

■12.2.1　设计幻灯片切换效果

首先，为幻灯片添加切换效果，用户可以为每张幻灯片添加不同的切换效果，也可以统一为幻灯片添加一种切换效果。

扫码观看视频

Step 01 **选择第1张幻灯片。** 打开"切换"选项卡，在"切换到此幻灯片"选项组中单击"切换效果"下拉按钮，如图12-30所示。

Step 02 **选择切换效果。** 从展开的列表中选择"溶解"切换效果，如图12-31所示。

图12-30

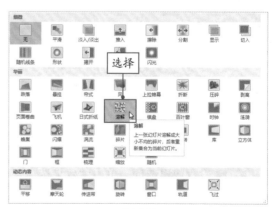

图12-31

Step 03 **应用到全部幻灯片。** 在"计时"选项组中将"声音"设置为"微风"，然后单击"应用到全部"按钮，如图12-32所示，即可将该切换效果应用到所有幻灯片上。

Step 04 **预览效果。** 单击"预览"按钮，预览设置的幻灯片切换效果，如图12-33所示。

图12-32　　　　　　　　　　　　　　图12-33

■12.2.2　设计对象的动画效果

为幻灯片中的对象添加动画效果，可以起到吸引观众注意力的作用，用户可以根据需要添加不同类型的动画效果，如添加进入动画、组合动画等。

1．为封面页添加动画

用户可以为封面页幻灯片中的对象添加进入动画效果，具体操作方法如下。

Step 01 添加"擦除"动画。选择第1张幻灯片中的标题文本，打开"动画"选项卡，单击"动画样式"下拉按钮，如图12-34所示。从列表中选择"进入"选项下的"擦除"动画效果，如图12-35所示。

图12-34　　　　　　　　　　　　　　图12-35

Step 02 设置效果选项。单击"效果选项"下拉按钮，从列表中选择"自左侧"选项，如图12-36所示。

Step 03 设置开始方式。在"计时"选项组中将"开始"方式设置为"与上一动画同时"，如图12-37所示。

Step 04 选择对象。选中副标题，同样为其添加"擦除"动画效果，将方向设置为"自左侧"，将"开始"方式设置为"与上一动画同时"，如图12-38所示。

Step 05 添加"淡入"动画。选中圆形，为其添加"淡入"动画效果，然后在"计时"选项组中将"开始"设置为"上一动画之后"，如图12-39所示。

图12-36

图12-37

图12-38

图12-39

Step 06 **复制动画。**在"高级动画"选项组中单击"动画刷"按钮，将圆形上的动画效果复制到"树叶"图片上，如图12-40所示。

Step 07 **预览效果。**单击"预览"按钮，预览制作的封面页动画，如图12-41所示。

图12-40

图12-41

2．为目录页添加动画

制作目录页动画，主要是为其添加进入动画，然后使用"动画刷"命令复制动画，具体操作方法如下。

Step 01 **添加"擦除"动画。**选择第2张幻灯片中的"目录"文本，为其添加"擦除"动画。将方向设置为"自左侧"，将"开始"设置为"与上一动画同时"，如图12-42所示。

Step 02 **选择矩形。**同样地，为其添加"擦除"动画效果，然后将"开始"设置为"上一动画之后"，如图12-43所示。

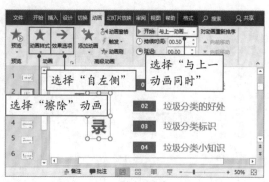
图12-42

图12-43

Step 03 启动"动画刷"命令。选择矩形后面的文本，为其添加"擦除"动画效果，并将"开始"设置为"与上一动画同时"，然后在"高级动画"选项组中双击"动画刷"按钮，如图12-44所示。

Step 04 复制动画。此时，鼠标光标变为小刷子形状，在其他对象上单击，该对象即可添加与所选文本相同的动画效果，如图12-45所示。

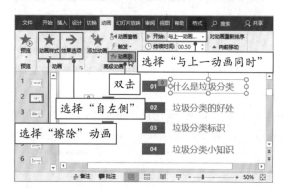
图12-44

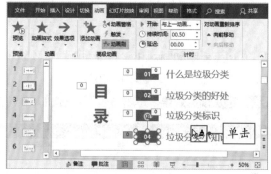
图12-45

Step 05 预览动画效果。单击"预览"按钮，预览制作的目录页动画效果，如图12-46所示。

图12-46

3. 为内容页添加动画

用户可以为内容页添加触发动画，即单击某个对象就可以显示相关内容，具体操作方法如下。

扫码观看视频

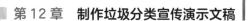

Step 01　添加"浮入"动画。 选择第5张幻灯片中的文本，为其添加"浮入"动画效果，接着在"高级动画"选项组中单击"触发"下拉按钮，从列表中选择"通过单击"选项，并从其级联列表中选择"可回收物"选项，如图12-47所示。

Step 02　查看效果。 此时，可以看到所选文本的左上角会显示触发器图标，如图12-48所示。

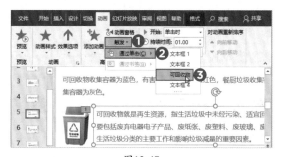

图12-47

图12-48

Step 03　设置其他对象。 按照上述方法，为第6张幻灯片中的文本添加触发动画，如图12-49所示。

Step 04　预览效果。 最后放映当前幻灯片，单击幻灯片中的"可回收物"图片，如图12-50所示，即可显示相关的文本内容。

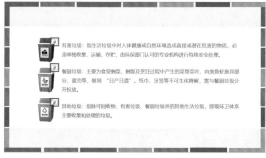

图12-49

图12-50

知识拓展

在对触发器进行链接时，最好先将当前幻灯片页面中的文本框或图片重新命名，这样比较容易辨认。首先选中某一元素，在"格式"选项卡中单击"选择窗格"按钮，在打开的窗格中单击其名称就可以重命名了，如图12-51所示。

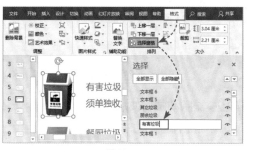

图12-51

4. 为结尾页添加动画

制作结尾页动画，主要是为其添加进入动画和组合动画，利用"动画窗格"调整动画的播放顺序，具体操作方法如下。

Step 01 设置"擦除"动画。选择第9张幻灯片中的文本，为其设置"擦除"动画效果，将方向设置为"自左侧"，将"开始"设置为"与上一动画同时"，如图12-52所示。

Step 02 添加动画。选中圆形，同样为其添加"擦除"动画效果，然后在"高级动画"选项组中单击"添加动画"下拉按钮，如图12-53所示。

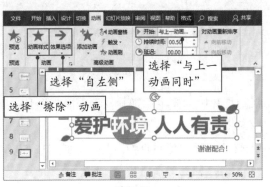

图12-52

图12-53

Step 03 添加"脉冲"动画。从展开的列表中选择"强调"选项下的"脉冲"动画效果，如图12-54所示。

Step 04 设置计时。在"计时"选项组中将"开始"设置为"上一动画之后"，如图12-55所示。

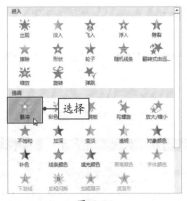

图12-54

图12-55

Step 05 复制动画。使用"动画刷"命令，将标题"爱护环境 人人有责"文本上的动画效果复制到"谢谢配合！"文本上，如图12-56所示。

Step 06 添加"淡入"动画。选中"树叶"图片，为其添加"淡入"动画效果，将"开始"方式设置为"上一动画之后"，接着单击"动画窗格"按钮，如图12-57所示。

图12-56 图12-57

Step 07 调整播放顺序。打开动画窗格，从中选择添加的"脉冲"动画选项，即选择"椭圆9"选项，单击上方的"向后移动"按钮，如图12-58所示，即可将"椭圆9"选项移到"文本框6：谢谢配合！"的下方，如图12-59所示。

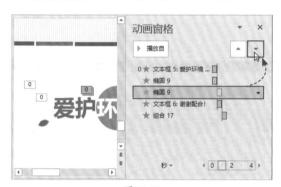

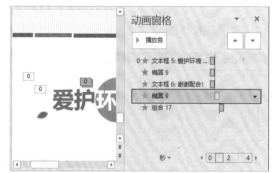

图12-58 图12-59

Step 08 预览效果。单击"预览"按钮，预览制作的结尾页动画效果，如图12-60所示。

图12-60

至此，宣传文稿的内容已经全部制作完毕，用户可以按F5键进行放映，查看该文稿的最终效果。

P 课后作业

通过前面的讲解，相信大家已经掌握了PPT的相关操作，在此综合利用所学知识点制作一个"人物简介"演示文稿。

操作提示

（1）使用图片、图形和文本框元素，设计标题页幻灯片、目录页幻灯片、内容页幻灯片和结尾页幻灯片。

（2）为第1张幻灯片添加"弧形"路径动画和"浮入"进入动画。

（3）为第2张幻灯片添加"擦除"进入动画。

（4）为第5张幻灯片添加"字体颜色"强调动画。

（5）为第8张幻灯片添加"飞入"和"脉冲"组合动画。

（6）为所有幻灯片添加"百叶窗"切换动画。

效果参考

最终效果

 Tips

在制作过程中，如有疑问，可以与我们进行在线交流（QQ群：728245398）。